El autoritarismo científico

Javier Peteiro Cartelle

Miguel Gómez Ediciones

Moreno Monroy, 5, 2ª. 29015 Málaga.
Tel./fax: [34] 952 602 873
mge@miguelgomezediciones.com
www.miguelgomezediciones.com

ISBN: 978-84-88326-78-2
DEPÓSITO LEGAL: MA-###/2010

Impreso en España
Imprime: Imagraf

Diseño de la colección: Miguel Gómez Peña

Maquetación: DSGN COMUNICACIÓN www.dsgn.es

I. Índice

A mi padre, que me enseñó a aprender

IN MEMORIAM

¿Dónde está la sabiduría que hemos perdido en conocimiento?
¿Dónde el conocimiento que hemos perdido en información?

T.S.Eliot

Agradecimientos

El diálogo interdisciplinario facilita la visión de lo real. Este texto surgió precisamente por sugerencia de Manuel Fernández Blanco a partir de una reflexión conjunta sobre los nocivos efectos del cientificismo en la concepción del mundo y del ser humano. Con la lucidez que le caracteriza, desde su amplio saber y su dilatada experiencia clínica como psicoanalista, Manuel me aportó magníficos comentarios sobre varios de los temas tratados en el libro. No sólo he de agradecerle su diálogo enriquecedor, sino también su estímulo constante y la valiosa orientación que me ha brindado para que este ensayo se publique.

Le agradezco también al Prof. Cabezas Cerrato, maestro en el uso del método científico y excelente clínico, la lectura crítica que realizó del texto. Sus reflexiones influyeron poderosamente en la redacción final.

Quiero expresar finalmente mi gratitud a Miguel Gómez y María Navarro por acoger este texto para su publicación y por sus oportunos comentarios y sugerencias.

Prólogo

Mi primera sensación cuando terminé de leer *El autoritarismo científico* fue de agradecimiento a Francisco Javier Peteiro Cartelle por haber escrito un ensayo iluminador y necesario. El tema que aborda en este libro es crucial para nuestra civilización. Se trata de un texto escrito por un científico riguroso. Es la obra de un erudito que es capaz de transmitir sus reflexiones con una prosa ágil y amena que permite leer este libro de un tirón.

Javier Peteiro inicia su reflexión distinguiendo la ciencia de las falsas ciencias. La ciencia, aliada de las luces, está muy alejada del cientificismo que impregna el discurso social dominante en la actualidad. Javier Peteiro demuestra cómo, en la época del empuje a la transparencia, se impone la opacidad derivada del cientificismo.

La justificación del título de esta obra la pueden encontrar en el apartado sobre *La reducción cientificista de sujeto.* Allí Peteiro nos advierte sobre la ambición científica de predecir todo lo humano y transformarlo según criterios de normalidad definidos desde la propia ciencia: «Se abre así un camino hacia un autoritarismo científico que dirá lo que es bueno, lo que es malo, y no sólo lo que debemos hacer sino incluso cómo debemos ser desde la manipulación genética y conductista».

Javier Peteiro demuestra la tendencia a la sacralización de la ciencia que el cientificismo implica. La ciencia así concebida pasa a ser dogma, sus divulgadores los nuevos sacerdotes, y sus resultados la única esperanza. De este modo, si a algo se le añade el calificativo de científico pasa a ser incuestionable e imponerse sobre cualquier otro criterio de decisión. Se anula así la libertad de elección, incluso en el ámbito político.

Un buen ejemplo de esto, serían las políticas de prevención de los gobiernos de la epidemia de gripe A, anunciada por los científicos. Lo que «está demostrado científicamente» (lo esté realmente, o no) pasa a ser incuestionable y adquiere el valor de la verdad revelada. Así la deriva cientificista, conduce a un nuevo oscurantismo y a un modelo de civilización profundamente inquietante. Es lo que el autor destaca en el apartado sobre «El camino hacia el autoritarismo científico» cuando comenta la tendencia a la integración de las tecnociencias en una perspectiva visionaria que conduce a los apóstoles del NBIC a afirmar que si «Cogno» puede pensarlo, «Nano» puede construirlo, «Bio» puede mejorarlo e «Info» puede controlarlo. Javier Peteiro nos aclara que aunque este cientificismo utópico no sea practicable, marca una orientación hacia la anulación del sujeto y la limitación de su libertad. Así, lo científicamente correcto se hará equivalente a lo políticamente correcto, ignorando que si bien la Ciencia puede alcanzar conocimiento, eso no significa que vaya a lograr la sabiduría. De no ser así, los Comités de Ética resultarían superfluos.

Javier Peteiro tras realizar un desarrollo crítico perfectamente documentado sobre las falacias supuestamente científicas, concluye su obra afirmando que el cientificismo es la nueva fe atea que trata de llenar el vacío que han dejado el ocaso de los discursos tradicionales. Así la Ciencia, como significante único, se constituye en un nuevo mito. Si la Ciencia se sacraliza, cualquier crítica a los supuestos científicos será juzgada como retrógrada. Esto conduce a un nuevo modelo de civilización.

Este ensayo de Javier Peteiro es fundamental por lo que aclara y por lo que sugiere. Es una advertencia sobre el modelo de sociedad a la que nos conduce el discurso cientificista. Los efectos de esta deriva son ya especialmente visibles en el ámbito de las prácticas *psi* (psiquiatría, psicología, psicoterapias...) con el intento de reducir el ser humano a la suma de variables cuantificables que podrían ser remodeladas por medio de la ingeniería conductual o, más directamente, mediante al recurso a la manipulación cerebral directa. Todo esto se hace en nombre de las mejores intenciones y con la pretensión de liberar al ser humano de lo peor (de sus síntomas, de sus tristezas, de sus debilidades...), es decir de su humanidad misma.

Este sujeto transhumano, sería el resultado de una sociedad científica del control. Una sociedad en la que el Panopticum de Bentham se uniría al Gran Hermano de Orwel, y al Leviatán de Hobbes, para generar un autoritarismo incorpóreo. Un autoritarismo más difícil de combatir al no estar encarnado en ningún amo. Un autoritarismo de nuevo cuño, resultado de la perversión de la ideología de la prevención, que nos está conduciendo al surgimiento de un nuevo higienismo.

La imposición de este modelo como único favorece la anulación de las diferencias ideológicas. Por eso el discurso cientificista ha pasado a ser patrimonio común de izquierdas y derechas, porque todo aquello que es postulado como verdad científica transciende el debate de las ideas y no admite cuestionamientos ideológicos.

Por todo esto, este libro de Javier Peteiro es especialmente oportuno en el momento actual de la civilización. *El autoritarismo científico* es la obra de un hombre sabio. Se trata de un texto de alto valor epistémico, pero también una apuesta ética por la libertad.

Manuel FERNÁNDEZ BLANCO

Introducción

En muy poco tiempo de la Historia, el método científico ha mostrado su poder para alcanzar el conocimiento del mundo. Desde las partículas elementales hasta la forma del Universo, desde lo más simple hasta lo más complejo, todo lo que nos rodea y constituye parece abordable por la Ciencia que, al proporcionar ese conocimiento, otorga un gran poder de transformación habitualmente mostrado en dos imágenes, el hongo atómico de Hiroshima y el modelo estructural del ADN, asociadas a sendas revoluciones, la nuclear y la biológica.

La Ciencia, fruto de la admiración, se ha hecho a sí misma admirable a tal punto que parece llenar un vacío causado por el término de los grandes relatos y el declive de creencias religiosas. Mucha gente ve en ella la única vía al conocimiento y la única solución posible a todos nuestros problemas, desde la curación de enfermedades hasta la eliminación del hambre en el mundo, la colonización de otros planetas o, en general, la satisfacción de todas nuestras ansias.

Esa exageración, conocida habitualmente como cientificismo, está calando de forma muy honda, teniendo como consecuencia que se considere superfluo lo que no es expresable científicamente. La cosmovisión posible ya no es ideológica o religiosa y la Ciencia está pasando a ser la gran esperanza y la única creencia. El discurso político está en camino de olvidar cualquier diferencia sustancial entre oponentes cuando se aborda algo sobre lo que los científicos ya se han definido, pues entonces sólo cabe la opción de decidir cómo acometer un problema mostrado por expertos pero no de discutirlo. Es el caso de cualquier alerta sanitaria, meteorológica o ecológica. Ante beneficios comerciales biotecnológicos o frente a la generación de mundos virtuales no hay mirada a largo plazo que sitúe correctamente los pretendidos avances.

Este libro es una crítica a la distorsión de la mirada cientificista. Se mostrará primeramente cómo la Ciencia, luminosa, se ha diversificado y encontrado sus propios límites, discutiendo a continuación la demarcación de lo científico. Eso servirá para contextualizar la situación del cientificismo y su impacto en una visión profundamente reduccionista del ser humano, tomado como algo medible y manipulable.

Veremos también que la Ciencia se hace esencialmente ahora en un mundo capitalista y una consecuencia clara de ello es que el científico es productor de algo vendible, adoptando formas que abarcan desde la mercancía bibliográfica hasta las patentes biológicas. La insuficiencia ética facilita a la vez que el producto científico pase a ser la realización de lo posible.

Otro capítulo se dedica a hacer una analogía entre la evolución de la vida y la de la Ciencia, mostrando el peso que el azar y los determinantes inconscientes tienen en tal devenir y en la fusión íntima de aquélla con la Técnica, en lo que ya se conoce como Tecnociencia cuyo desarrollo previsible a corto plazo irá de la mano de la Nanotecnología y de la Biología sintética. La Ciencia se desarrolla, como la vida, como un fenómeno emergente, en cierto modo autónomo con respecto a quienes la hacen posible, a diferencia de lo que ocurre con la Pintura o la Música. Un fenómeno emergente con afán abarcador que tiende a tomar el papel de un auténtico amo disperso que puede enajenar al ser humano y cuyas consecuencias están siendo ya visibles, desde el desprecio de la enseñanza humanística hasta el renacimiento de la tentación eugenésica.

No obstante, así como se ha podido conjurar parcialmente el peligro nuclear a pesar de la carrera armamentística, es posible aun reconducir desde la ética el desarrollo científico, de tal modo que éste persiga lo que buscó en origen: la ilustración del ser humano por el conocimiento. Sólo desde un distanciamiento crítico puede frenarse la feliz alienación que el cientificismo supone. Contribuir a ello es el objetivo de este libro.

I. Ciencia: luz, diversidad y límites

Es sabido que Adán y Eva desobedecieron a Dios y comieron el fruto del árbol de la ciencia del bien y del mal. Desde entonces el conocimiento no ha dejado de estar asociado íntimamente a implicaciones éticas y nada mejor que dos imágenes sobradamente conocidas para mostrarlo: el hongo atómico de Hiroshima y el modelo de la doble hélice de ADN. La muerte y la vida van asociadas a un avance del conocimiento que se muestra como inexorable. Y a veces surgen de una misma circunstancia o del trabajo de una misma persona. Es llamativo que los orígenes más lejanos del Proyecto Genoma se sitúen precisamente en el estudio de mutaciones asociadas al estudio de los *hibakusha* (supervivientes al bombardeo atómico). Fritz Haber consiguió sintetizar amoníaco abriendo el paso a los fertilizantes nitrogenados, pero también sintetizó el gas mostaza utilizado en la primera guerra mundial. Lo malo suele olvidarse al contemplar los grandes beneficios que nos ha reportado la Ciencia, siendo quizá el más aparente el permitirnos vivir más y mejor. La esperanza de vida, al menos en el primer mundo, ha aumentado considerablemente a lo largo del siglo XX y en ello han tenido un papel esencial descubrimientos científicos traducidos en mejores diagnósticos, terapias e higiene. El enfoque meramente naturalista aportó relativamente poco a la Medicina, más allá del conocimiento anatómico y de plantas medicinales. Fueron los descubrimientos en Química y Física los que cambiaron radicalmente la posibilidad de diagnosticar y tratar enfermedades, así como de prevenirlas mediante unas aplicaciones ya tan habituales que nos olvidamos de lo reciente que ha sido su implantación; un TAC cerebral, por ejemplo, se realizó por primera vez a un paciente en 1972.[1] El modelo molecular del ADN, reproducido hasta la saciedad en medios científicos y artísticos, y término de uso común en torno al cual giran desde el Proyecto Genoma hasta decisiones judiciales, fue descrito hace sólo medio siglo (1953).

Toda nuestra vida cotidiana está inundada de objetos que son resultado de aplicaciones científicas, desde la ropa con que nos vestimos hasta la forma en que nos comunicamos. En una fracción minúscula de tiempo desde la aparición del *Homo sapiens*, el entorno natural ha ido siendo desplazado por un mundo sintético que hace difícil imaginar la vida sin todo lo que la Ciencia ha hecho posible y, aunque hay riesgos inherentes a todo ese desarrollo con consecuencias catastróficas en algunos casos (Seveso, Bhopal, Chernobil...), es innegable que la aplicación del conocimiento científico ha mejorado la vida de muchas personas.

La Ciencia busca comprender el mundo, no sólo con el objetivo de transformarlo, sino simplemente por afán de conocimiento. Su avance ha iluminado progresivamente al ser humano y lo ha hecho ampliando su mirada sobre el Cosmos en el espacio y en el tiempo, abarcando desde dimensiones atómicas al límite del Universo observable (rango de 10^{-10} a 10^{27} metros) y desde cambios ultrarrápidos en orbitales electrónicos hasta el tiempo transcurrido desde el Big Bang (rango de 10^{-18} a 10^{17} segundos). La Cosmología, la Geología, la Paleontología y la Biología con sus grandes teorías nos sitúan realmente en nuestro lugar en el mundo y nos permiten entenderlo cada vez mejor mediante leyes progresivamente refinadas. Más allá de cualquier aplicación, ese es el gran valor de la Ciencia: una visión objetiva y ampliada de lo existente e incluso de mundos matemáticos ideales que ha ido desplazando drásticamente tanto la perspectiva mitológica como la metafísica y en la que el propio concepto de realidad está sometido a discusión.

Esa gran ampliación de nuestra mirada y de nuestro poder de predicción de muchos fenómenos físicos es fascinante. El hecho de que haya ocurrido en tan poco tiempo hace mayor tal encanto y alimenta la esperanza de que el avance científico acabe revelando todos los misterios de lo que nos rodea y de lo que nos constituye como seres humanos. Pero no será así pues hay límites que impiden esa omnisciencia.

La evolución de la Ciencia y el contexto actual

Puede decirse con bastante aproximación que Newton o Gauss sabían todo o casi todo lo que se podía saber en su época a través del método científico. Eso ya no ocurre ni parece posible en el futuro. Los límites que un ser humano tiene para conocer son relativos a lo que es cognoscible a lo largo de su vida en su circunstancia histórica, planteándose una discrepancia entre el saber comunitario y el conocimiento individual. Desde el punto de vista histórico, cabe distinguir tres grandes etapas en la relación entre el conocimiento global y el singular, entre lo que «conoce» una civilización y lo que puede saber una persona concreta, y que van asociadas al nacimiento y evolución de la Ciencia.

Una primera fase, precientífica, se caracterizó por una ordenación fenoménica. Hubo grandes naturalistas que se empeñaron en esta tarea. En el año 79 moría en Estabia Plinio el Viejo quien, primero por curiosidad ante la erupción del Vesubio y después por solidaridad con los afectados por ella, acudió desde Miseno a las playas de la bahía de Nápoles. Su sobrino, Plinio el Joven, escribía así a Tácito: «En verdad considero dichosos a quienes les ha sido dado por obsequio de los dioses, o hacer cosas dignas de ser escritas o escribir cosas dignas de ser leídas, pero considero los más dichosos a quienes se les ha dado ambas cosas. En el número de éstos estará mi tío».[2] Efectivamente, Plinio el Viejo fue un ejemplo de estudioso de la naturaleza, como atestigua su extenso tratado *Naturalis Historiæ* en el que aborda campos tan diversos como Astronomía, Geografía, Botánica, Zoología y Medicina. Con espíritu ciertamente enciclopedista, el autor da cuenta en su prefacio de los numerosos libros que ha leído como base para la redacción de su obra. Unos cuatrocientos años antes moría Aristóteles. Aunque es conocido esencialmente por su filosofía, fue uno de los grandes naturalistas de la antigüedad, haciendo observaciones que le permitieron agrupar los animales en géneros con especies dentro de ellos y, aunque se han perdido sus libros de botánica, sus conocimientos sobre esta materia probablemente fueron de similar extensión a los zoológicos, considerando que uno de sus discípulos, Theophrastus, fue autor de dos obras (*De historia plantarum* y *De causis plantarum*) cuya influencia se mantuvo durante mucho tiempo. El sistema clasificador aristotélico hubo de esperar a Linneo para ser superado. Lamentablemente, la sabiduría de Aristóteles no fue sólo enriquecedora para la Historia del pensamiento humano. Tomado como un aliado por la escolástica, sus escritos y el valor que otorgaba al método deductivo constituyeron un serio impedimento al avance del conocimiento hasta bien entrado el siglo XVI.

Sin Ciencia es difícil aproximarse a una visión realista del cosmos. La imagen que de él se tenga dependerá, más allá de concepciones mágicas, de las ideas metafísicas y de crudos datos empíricos, pero el salto cualitativo desde lo percibido o lo pensado a lo real es, en ausencia de teoría científica, una discontinuidad abrupta. Por eso, al margen de grandes logros técnicos en culturas antiguas y del desarrollo matemático, antes de la revolución científica que se dio en el siglo XVI el conocimiento de la naturaleza fue esencialmente descriptivo, por lo que los mayores logros alcanzados tuvieron que ver con una ordenación de observables más que con una explicación de ellos. Aristóteles clasificó, como lo hicieron Plinio, Hipócrates o Dioscórides, pero las explicaciones quedaron en el ámbito del pensamiento metafísico, mágico o mítico.

Sólo las matemáticas pudieron desarrollarse en ese contexto aristotélico lógico-deductivo, en un entorno observacional coherente. La geometría euclídea tiene una obvia base intuitiva y la astronomía posicional, la agrimensura y el comercio también estimularon el progreso matemático, pero exceptuando éste, la autoridad de los grandes filósofos griegos, especialmente Aristóteles, facilitó en general que toda la actividad intelectual se mantuviera en un contexto de especulación metafísica, evitando la manipulación experimental de la naturaleza. La transformación del medio natural sólo se hacía con perspectiva técnico-artesanal o desde el enfoque mágico que propiciaba la alquimia. Las insuficiencias del método deductivo y las trabas inherentes al respeto a los clásicos, reveladas crudamente en aplicaciones como la Medicina, así como la tendencia creciente a la manipulación de la naturaleza, tanto desde el punto de vista técnico como por parte de quienes intentaban su transformación mágica, crearon un clima propicio al cambio en la forma de pensar.

No resulta fácil reducir a una sola persona el mérito de iniciar lo que se ha venido en llamar la revolución científica que abarca desde Copérnico a Newton, pero habitualmente Francis Bacon (1561-1616) suele ser uno de los autores reconocidos como más influyentes al respecto, aunque no por su contribución directa como observador o experimentador. Suele recogerse anecdóticamente sólo un experimento realizado por él tratando de ver el efecto de la nieve en la conservación de la carne de un pollo; desgraciadamente las condiciones ambientales no favorecieron la propia conservación de Bacon ya que como consecuencia de ese enfriamiento él mismo enfermó y murió. En su lecho de muerte dictó una nota para el dueño de la casa que le acogió, Lord Arundel, expresando que le hubiera gustado haber tenido la fortuna de Cayo Plinio el Viejo, que perdió su vida intentando un experimento sobre el ardor del monte Vesubio. Es difícil saber si en ese texto Bacon trata de compararse con el sabio romano o si hizo una humorada macabra sobre el contraste ardor-frío como causa de muerte de dos personas notables, siendo él una de ellas.[3] Pero aunque Bacon no destacó por sus descubrimientos, su filosofía facilitó extraordinariamente el desarrollo científico posterior. Eso se debe fundamentalmente a su desprecio del método deductivo a favor de la inducción, por una parte, y, por otra, a poner de manifiesto los obstáculos epistemológicos a vencer para lograr el conocimiento. Su muerte le impidió completar su obra principal, iniciada unos cinco años antes (*Franciscus de Verulamio Summi Angliae Cancellaris Instauratio magna*), dejando sólo casi completa una parte de la misma, *Novum Organum*, en donde hace hincapié en los prejuicios («eidola») a evitar en el estudio científico, distinguiendo los comunes a la naturaleza humana, los provenientes de la educación y hábitos, las falsas concepciones derivadas de la comunicación humana y los prejuicios filosóficos. A la vez, constructivamente, defiende la inducción y propone su método de las tres tablas de anotaciones (de presencia, ausencia o graduación de una variable). Y no olvida las implicaciones morales del conocimiento que se logre. En el prefacio de la Instauratio magna escribe: «Dirigiría un consejo a todos; que consideren cuáles son los verdaderos fines del conocimiento, y que no se esfuercen por el placer intelectual o por la controversia, o por superioridad sobre otros, o por beneficio, o fama, o poder, o cualquiera de esas cosas inferiores; sino por el beneficio y uso de la vida y que la perfeccionen y gobiernen en caridad».[4]

Una de las personas influidas por la obra de Bacon fue Robert Boyle, llamado generalmente el padre de la Química, a la que hizo numerosas contribuciones. Continuó en la línea baconiana recalcando en su libro *The Skeptical Chymist* el interés de la experimentación para alcanzar el conocimiento, desbaratando la teoría aristotélica de los cuatro elementos. Boyle fue una figura prominente entre un grupo de filósofos naturales («The Invisible College») que intercambiaban conocimientos científicos, reuniéndose en Londres y en Oxford. En 1663, el «Invisible College» se convirtió en la Royal Society of London for the Improvement of Natural Knowledge. Su lema *Nullius in verba* (tomada de Horacio: «Nullius addictus iurare in verba magistri») expresa la voluntad de los miembros de la Sociedad de alcanzar verdades científicas mediante la experimentación, omitiendo el respeto tradicional a las grandes figuras clásicas. Casi al mismo tiempo en que nacía la Royal Society, se daba en Francia un movimiento parecido que cristalizó en la creación en 1666 de l'Académie des Sciences de Paris. Ambas instituciones facilitaron la implantación del método científico. Siguiendo el ejemplo de las dos entidades citadas, proliferaron en toda Europa academias y sociedades científicas a lo largo del siglo XVIII.[5]

Pronto se hizo claro que no hay Ciencia, sino Ciencias, aunque no se usara ese término como tal. La visión generalista de muchas celebridades como Newton, Boyle, Leibniz, Hooke, Young o Gauss, que les permitía abordar campos de estudio muy diversos, no sólo se debía a su capacidad intelectual sino a un desarrollo incipiente de todas las disciplinas científicas. Rápidamente se impuso la necesidad de diversificar la tarea de estudiar colectivamente una naturaleza unitaria y en 1810, a petición de Napoleón, el gran naturalista Cuvier redactó una *Rapport historique sur les progrès des sciences naturelles depuis 1789 et sur leur état actuel*, en la que expresaba esa necesidad de especialización : «...pues las ciencias no son más que la expresión de relaciones reales entre seres: deben formar pues un conjunto como los seres mismos; el universo es su objeto común; si se dividen no es más que para contemplarlo de diferentes maneras.» Es muy interesante por su vigencia en la actualidad la expresión optimista de Cuvier sobre el valor de la tarea científica como búsqueda de una verdad luminosa:

> No hay sin embargo en estas ideas nada que desanime cuando se piensa que las primeras chispas de las ciencias remontan a treinta siglos, y que su luz, lejos de propagarse sin obstáculos, ha sido interrumpida por una larga noche que duró casi la mitad de tan corto intervalo. La esperanza se ensancha por el contrario cuando se considera que caminan hoy con una rapidez siempre creciente; que los últimos dos siglos han hecho más por ellas que todos los precedentes y que los últimos treinta años han igualado quizá ellos solos a dos últimos siglos.[6]

La visión científica acoge en su proyecto todo lo que se ha mostrado válido y no sólo lo revolucionario como el sistema heliocéntrico. No es de extrañar, por tanto, que al lado de elegantes experimentos que revelaban la composición química del mundo y sus leyes físicas, se diera una expansión de un naturalismo continuista en cierto modo con el de la antigüedad y que perseguía poner orden en lo observable. Son ejemplos ilustrativos las obras taxonómicas de Linneo y la monumental *Histoire naturelle, générale et particulière* de Buffon. Pero quien quizá ejemplifique mejor el afán de conocimiento naturalista sea Alexander von Humboldt, una personalidad del círculo de Goethe, gratificada con la amistad de científicos como Gay Lussac, Wegener o Gauss, y de gobernantes como Thomas Jefferson o el zar Nicolás I y cuyo apellido se ha utilizado para nombrar diferentes especies animales y vegetales. Su obra *Voyage aux régions equinoxiales du Nouveau Continent fait en 1799, 1800, 1801, 1802, 1803 et 1804 par A. de Humboldt et A. Bonpland* fue la empresa editorial más vasta de su época, superando incluso la *Description de l'Egypte*. Pero el trabajo que constituyó la obra de su vida, por proyectado ya en su juventud y escrito en sus últimos años, fue *Kosmos*, siendo el propósito de esta obra divulgar a un público instruido todo lo conocido sobre el mundo físico. La concepción de Humboldt reflejada en *Kosmos*, cuya redacción concibió el autor como carrera contra la muerte, es la de globalidad. El afán por conocer el mundo, empleando para ello los más modernos instrumentos de medida de su época, chocó con el idealismo alemán. Aunque Schiller y los hermanos Humboldt pertenecieron al círculo de Goethe y Alexander llegó a colaborar con Schiller en *Die Horen*, el idealista alemán expresó en una carta a Körner su crítica al enfoque frío de Humboldt, disector de la Naturaleza, frente al conocimiento respetuosamente intuitivo y apriorístico de ésta. Esas diferencias de visión revelan una separación ya aparentemente irreversible entre dos visiones globales del mundo, la científica y la poética.[7-10]

El interés por ordenar y difundir el conocimiento logrado alcanzó su culminación con *L'Encyclopédie*. El objetivo de Diderot, «reunir los conocimientos esparcidos por la superficie de la Tierra, exponer el sistema general de ellos a los hombres con los que vivimos y transmitirlos a quienes vendrán después» expresa tanto un afán divulgador del conocimiento como una ordenación del mismo que, aunque persiga la globalidad, reconoce la diferencia entre los distintos campos del saber teórico y aplicado.[11]

El conocimiento, mediante la aventura enciclopedista, dejaba poco a poco de ser patrimonio de una elite de filósofos naturales para ser accesible a cualquier lector medianamente instruido, pasando así a ser luminosamente revolucionario. Pero la extensión del método científico al estudio de la Naturaleza condujo no sólo a una expansión cuantitativa de un conocimiento clasificador, también tuvo como consecuencia una especialización progresiva tanto en la teorización como en la investigación empírica, asociadas a una dificultad creciente en acceder al conjunto de conocimientos científicos y que limita en la práctica el dominio de determinadas áreas a un grupo muy restringido de especialistas, lo que supone en cierto modo un retorno al círculo cerrado cuasi-esotérico, pero si en un principio la restricción dependía de la voluntad de los integrantes de un *invisible college*, ahora la restricción se debe únicamente a la laboriosidad que implica acceder a determinadas materias y a la gran diversidad de campos científicos existentes. El conocimiento alcanzado por físicos teóricos requiere un bagaje matemático del que carece la mayoría de lectores ilustrados, incluyendo quienes tienen el poder de decisión sobre la distribución de fondos dedicados a la investigación. Tal circunstancia obliga en nuestros días a un proceso de divulgación para que la sociedad comprenda la utilidad teórica y práctica de la Ciencia y la subvencione, a la vez que la hace atractiva facilitando que muchos jóvenes opten por una carrera científica frente a otras posibilidades.

La divulgación es importante para paliar la diferencia creciente entre el conocimiento alcanzado por la comunidad y el que es posible a un individuo. Incluso la mayoría de los científicos son ignorantes de lo que está fuera de su campo de investigación. También para ellos la divulgación del saber de los otros es importante. Se dan así dos formas extremas de comprensión de un fenómeno: la rigurosa, que utiliza el formalismo propio de la comunicación específica de un campo científico determinado, y la divulgada, que usa un lenguaje comprensible fuera de él. Si en Literatura se aplica frecuentemente la expresión *traduttore, traditore!* para expresar la distorsión inherente a la traducción, con mayor razón esa expresión es aplicable a la divulgación científica, especialmente cuando se pasa del formalismo matemático al lenguaje vulgar, pero la divulgación es esencial para que el conocimiento científico, aun distorsionado por ella, llegue a un amplio sector de la sociedad que lo promueve.

El lenguaje limitado y la incertidumbre esencial

El valor del método científico para responder a las grandes cuestiones del hombre ha mostrado su poder en todos los ámbitos en los que ha podido actuar, desde el mundo de las partículas elementales hasta el conocimiento de las bases biológicas de la consciencia. El crecimiento exponencial del número de publicaciones científicas y del número de investigadores en las últimas décadas sugiere un progreso del conocimiento científico sin límites o, más bien, sin más límite que los de la propia Naturaleza a explorar. Así, la Física se acabaría una vez obtenida una adecuada «teoría del todo» hacia la que concurren actualmente diversas líneas; el conocimiento del funcionamiento cerebral, aunque parece incipiente en la actualidad, crecerá progresivamente y permitirá comprender mejor muchos aspectos de la emergencia del yo, desplazando también aquí, como en el ámbito del Cosmos, las cuestiones metafísicas a un terreno cada vez más restringido. Pero la perspectiva de una Ciencia omnisciente fracasa ante la existencia de límites en tres ámbitos: metodológico, epistemológico y ontológico.

Hay límites instrumentales y naturales para la verificación de teorías. Por ejemplo, las dimensiones de los aceleradores de partículas no pueden alcanzar una magnitud arbitrariamente grande y el Universo observable tiene unos límites definidos que impiden ver más allá. Tampoco están claros los límites ontológicos. El estudio de los tres primeros minutos del Universo constituye el tema de un libro muy popular del físico Steven Weinberg.[12] Pocos años antes de su publicación (1977) nadie imaginaba que se pudieran llegar a establecer teorías sobre esa evolución primigenia, pero ahora se plantea ya la pregunta sobre qué ocurrió incluso antes del origen, y se plantea también si esa cuestión tiene sentido. Es decir, se da un progresivo desplazamiento de la Metafísica por la Física y por la Biología siendo muy difícil imaginar dónde se establecerá finalmente la frontera entre el conocimiento científico y la especulación metafísica.

En contraste con esas grandes incertidumbres que nutren la literatura de ciencia-ficción a la vez que inspiran teorías cosmológicas, se puede hablar con más claridad de límites intrínsecos, los que tienen que ver con la epistemología científica. Son límites descubiertos por la propia Ciencia y quizá pueda decirse que si existen es porque la Ciencia habla, ya que se refieren al lenguaje matemático y a lo que se puede decir en Física.

La Ciencia es posible por el lenguaje y eso explica que sus grandes sueños y limitaciones vayan íntimamente unidos a las posibilidades y los defectos del lenguaje mismo. La fascinación ante el poder del lenguaje para comprender el mundo, especialmente en su forma matemática, aboca al afán de hacerlo mecanismo puramente lógico. Quizá haya sido Leibniz quien mejor haya expresado esa pasión por la lógica como mecanismo de obtención de evidencias. Su proyecto abarcaba tres componentes básicos:[13, 14] la *characteristica universalis*, por la que todos los conceptos fundamentales podrían ser designados sin ambigüedad mediante signos o caracteres, pudiendo a partir de ellos expresarse mediante fórmulas cualquier objeto o circunstancia, el *calculus ratiocinator* o sistema de deducción mecánica de todas las verdades posibles a partir de la lista de conceptos básicos, y el *ars iudicandi*, un método que permitiría decidir, mediante el cálculo, sobre la verdad de cualquier enunciado expresado en la characteristica universalis con ayuda del calculus ratiocinator. Llevada al extremo, esta lógica aritmetizada bastaría para resolver cualquier tipo de cuestiones: «los filósofos no tendrían necesidad de más disputas que las que hay entre contables: bastaría que cogieran los lápices, que se sentaran al lado de sus pizarras y se dijeran el uno al otro (con un amigo como testigo, si quisieran): calculemos».

El sueño leibniziano ha permanecido hasta el siglo XX. El atractivo del lenguaje puro, desprovisto de todo contenido intuitivo, favoreció el desarrollo de un programa formalista en Göttingen por parte del gran matemático David Hilbert cuya idea central residía en la axiomatización, que suponía partir de unos enunciados universalmente válidos (axiomas) y de unas reglas de inferencia a partir de las cuales se podrían obtener conclusiones. Una demostración sería una sucesión de afirmaciones tal que cada una de ellas sería o bien un axioma o bien una deducción de afirmaciones anteriores por aplicación de las reglas de inferencia. La reducción de la geometría a la aritmética era un ejemplo de esa eliminación de contenidos intuitivos. La axiomatización conseguida será finitaria si existe un método (generalmente llamado algoritmo) que, dada una sucesión finita de enunciados, permite decidir si tal sucesión es o no una demostración. En concreto, la propuesta de Hilbert era axiomatizar de modo finitario la teoría de números y demostrar, también de modo finitario, que esa axiomatización es completa y consistente, considerando completa una teoría en la que todo enunciado o su negación es demostrable a partir de los axiomas, y consistente toda teoría libre de contradicciones, en la que no existe ningún enunciado tal que tanto él como su negación puedan ser demostrados. En la línea de su programa formalista, Hilbert propuso en 1928 el problema de decisión («das Entscheidungsproblem»), que planteaba si habría un método que pudiera aplicarse para decidir si un enunciado matemático determinado es verdadero.[15, 16]

En 1931, un joven matemático llamado Kurt Gödel mostró que asignando un número a cada signo elemental, a cada fórmula o sucesión de signos y a cada prueba o sucesión de fórmulas (números llamados posteriormente de Gödel) se podía aritmetizar el cálculo formal, en lo que era en cierto modo una versión moderna del calculus ratiocinator. Sucintamente, mostró cómo aritmetizar una declaración metamatemática autorreferente: G no es demostrable, mostrando que G es demostrable si y sólo si es demostrable su negación formal, por lo que, si el cálculo es consistente, G es una fórmula formalmente indecidible. Pero es verdadera en el sentido de que afirma que todo número entero posee una cierta propiedad aritmética. Ya que G es a la vez verdadera e indecidible, los axiomas de la aritmética son incompletos. Si la aritmética es consistente, tal consistencia no puede demostrarse por ningún razonamiento meta-matemático susceptible de ser representado dentro del formalismo de la aritmética. Gödel demostró que cualquier sistema consistente de la lógica formal que fuera lo bastante potente como para formular en él enunciados acerca de la teoría de números (la aritmética) ha de contener enunciados verdaderos que no pueden ser demostrados. Dado que sistemas axiomáticos como el ideado por Russell y Whitehead no pueden contener todos los enunciados verdaderos de la teoría que pretenden formalizar, se dice que son incompletos. No puede existir un método que permita decidir si un enunciado arbitrariamente dado es verdadero o falso. La indecidibilidad de algunos enunciados sólo puede superarse aumentando el número de axiomas.[17-19]

Se ha exagerado la importancia del trabajo de Gödel al extrapolar sus resultados e implicaciones más allá de su ámbito, en el cual sí marcaron una impronta definitiva. Hilbert no reaccionó gustoso y se empeñó en asegurar que «Debemos saber. Sabremos», llevándose esta expresión a su propia tumba como epitafio.[20]

El lógico inglés Alan Turing extendió el teorema de Gödel al cuadro más amplio del cálculo concluyendo en la imposibilidad de un programa informático capaz de resolver todas las cuestiones. Todo algoritmo concebido para resolver una cuestión suficientemente general está condenado a cometer errores o a funcionar sin detenerse nunca.[21, 22]

El agua fría de la incompletitud y la indecidibilidad cayó sobre la esperanza de resolver grandes problemas entonces abiertos, como el último teorema de Fermat y la hipótesis de Riemann. Demostrarlos podría no sólo ser difícil sino imposible si fueran indecidibles. En junio de 1997 Andrew Wiles recibió de la Königliche Gessellschaft der Wissenchaften el premio Wolfskehl en Göttingen por haber demostrado el último teorema de Fermat.[23] La hipótesis de Riemann, aunque comprobada en un número creciente de casos mediante análisis numérico, sigue sin ser demostrada.[24]

Casi a la vez que se intentaba purificar a las Matemáticas de toda relación con el mundo sensible, la Física iba a ser desposeída de un carácter intuitivo que parecía esencial para su comprensión, mediante dos grandes revoluciones. Por una parte, la teoría de la relatividad, postulando la invariancia de la velocidad de la luz para observadores en movimiento relativo. Por otra, la explicación por Max Planck de la radiación del cuerpo negro en 1900 inaugurando la revolución cuántica, haciendo tomar el carácter de discreto a lo que se creía continuo, como la energía. Durante los años siguientes el desarrollo de la teoría mostró su poder de predicción de fenómenos a escala atómica pero también la gran diferencia entre el carácter intuitivo de la Física Clásica y el extraño mundo de la mecánica cuántica, especialmente relacionado con la dualidad onda partícula y el carácter esencialmente probabilístico de la teoría (aunque la función de onda es determinista, no lo es el resultado de la medida). El desarrollo de la teoría cuántica se asoció a un éxito notable en la predicción de fenómenos impredecibles en el contexto de la Física Clásica, pero a la vez abrió las puertas a una exégesis de su propio formalismo matemático, surgiendo diversas interpretaciones de lo que encierran las ecuaciones y señalan los experimentos, abarcando desde un empirismo radical antirrealista en el que sólo interesaría la predicción de observables hasta un realismo místico.[25]

Uno de los grandes teóricos que contribuyó al desarrollo de la teoría fue Werner Heisenberg. Usando un formalismo matricial encontró que al transformar la distribución estadística de la variable momento (**q**) en la de su variable conjugada posición (**p**) las desviaciones estándar (relacionadas con la imprecisión) de las dos distribuciones, $\Delta\mathbf{p}$ y $\Delta\mathbf{q}$, estaban en relación inversa entre sí estando su producto relacionado con la constante de acción de Planck, **h**. Cuanto más preciso es el conocimiento de la posición de una partícula más imprecisa resulta la determinación de su momento (producto de la masa por la velocidad). Heisenberg explicó esta relación de incertidumbre mediante un experimento imaginario basado en un microscopio de rayos gamma, pero dicha relación no descansa en ninguna intuición sino que surge del propio formalismo matemático que rige la mecánica cuántica, expresable en el marco del espacio de Hilbert, en el que, para toda cantidad medible (observable), tal como la energía, momento o posición, hay un operador. Un operador puede actuar sobre una función (función propia) devolviéndola multiplicada por un factor (valor propio). Si dos operadores tienen un conjunto común de funciones propias se dice de ellos que conmutan y sólo entonces podemos conocer los correspondientes observables simultáneamente. En el caso de operadores que no conmutan (posición y momento o energía y tiempo) hay una diferencia entre sus productos variando el orden de los factores. De esa falta de conmutatividad surge la imposibilidad de conocer simultáneamente dos variables conjugadas.[26-28] Las relaciones de incertidumbre de Heisenberg suelen ser ya llamadas principio de incertidumbre dando a entender algo básico subyacente a todo el cuadro teórico y ese principio esencial supone un límite que, aunque despreciable ya a muy pequeña escala, es infranqueable para el conocimiento humano y tiene profundas implicaciones, como las fluctuaciones cuánticas del vacío.

La intuición fracasa ante el extraño comportamiento cuántico. El principio de incertidumbre no representa una fase previa a una mayor resolución en la experimentación que pueda dar cuenta de variables ocultas, contrariamente a lo que pretendía Einstein. Antes de la medida, simplemente carece de sentido hablar de posición y momento de una partícula. El teorema de Bell y los experimentos confirmatorios del entrelazamiento cuántico muestran que la realidad parece ligarse a la observación en vez de ser previa a ella.[29, 30]

El principio de incertidumbre subyace a toda la extrañeza que muestra la mecánica cuántica cuando se trata de interpretarla, siendo el punto de encuentro entre un formalismo matemático útil para predecir fenómenos y la necesidad de intuir lo que ese formalismo encierra desde el punto de vista físico y su relación con conceptos filosóficos tan fundamentales como el de realidad o causalidad.

Una vida local

La Física ensancha nuestra mirada sobre el mundo, intentando explicar su constitución y origen. A pesar de la extrañeza de la mecánica cuántica, de la teoría de la relatividad y de las teorías que persiguen la gran unificación, la mirada se dirige a algo que seguimos tomando como real, a un mundo, incluso aun contemplando la posibilidad de universos múltiples. Las Matemáticas miran más allá. No sólo son el vehículo de expresión de leyes físicas, sino que su perspectiva abarca un mundo propio al que un amplio sector platónico le concede realidad.

En contraste con esa universalidad de la mirada físico-matemática mostrada en ecuaciones con un magnífico poder de predicción, lo que más nos afecta, el conocimiento de nosotros mismos, tiene muy poco que ver con lo universal por el simple hecho de que la vida es, por el momento al menos, un fenómeno local y contingente, y precisamente por ello en Biología carece de sentido hablar de límites en el sentido en que se ha hablado de los correspondientes a Física y Matemáticas. Sin embargo, de forma genérica, sí puede afirmarse que el gran límite actual en Biología es también lingüístico ya que tiene que ver con la propia definición de vida. Fue precisamente un físico dedicado a la mecánica cuántica, Schrödinger, quien con su libro *¿Qué es la vida?* estimuló el pensamiento biológico que condujo al modelo molecular del ADN en 1953.[31] En dicho libro la hipótesis de que un cristal aperiódico sería el fundamento de la información genética resultó ser una intuición confirmada por la estructura de Watson y Crick.[32]

Los conocimientos alcanzados por la investigación en el campo de la Biología Molecular han transformado radicalmente la perspectiva del mundo biológico en medio siglo. Sin embargo, la pregunta planteada por Schrödinger mantiene su vigencia por no haber sido aun contestada. Las definiciones que se han dado de la vida han tenido que ver con aspectos fenomenológicos, siendo la reproducción el elemento más común en todas ellas, pero falta por responder aun con claridad cuándo un sistema químico-físico puede considerarse vivo. Por ejemplo, en determinadas condiciones controladas un lisado celular (mezcla obtenida destruyendo las membranas) contiene todos los elementos celulares y su ADN puede reproducirse y expresarse dirigiendo la fabricación de ARN mensajero y proteínas, pero no se dice de él que sea algo vivo. Tampoco hay claridad en el caso de los virus, que no se bastan a sí mismos para reproducirse. Por otra parte, una espora o una semilla vegetal son sistemas biológicos quiescentes que pueden permanecer aletargados miles de años; tienen capacidad de vivir en sentido convencional, pero pueden permanecer sin hacerlo, en estado inerte. Incluso sistemas no biológicos pueden compartir propiedades consideradas tradicionalmente exclusivas de los sistemas vivos como ocurre con los virus informáticos, que pueden reproducirse, expresarse y mutar, haciendo que la terminología empleada para referirse a ellos sea tomada de la Biología.

Falta una definición de vida que tenga carácter universal de tal forma que se pudiera extender a cualquier sistema vivo potencial aun cuando no haya sido descubierto. El problema de la indefinición es práctico: ¿Cómo descubrir vida en otros planetas si fuera radicalmente distinta de la vida terrestre? No hay forma de asegurar actualmente que, como la Física, la Biología sea universal ya que, a diferencia de lo que ocurre con las constantes físicas y el comportamiento de la materia en el universo, no está garantizada ninguna constancia con respecto a la vida. Aunque se suponga que es abundante en el Cosmos, no hay aun evidencia alguna de su existencia más allá de nuestro pequeño mundo y, siendo así, las restricciones de la Tierra en cuanto a mecanismos esenciales (química del carbono con ácidos nucleicos como estructuras informativas) no tienen por qué regir en otras regiones del universo. Pero incluso, aun contando con que la vida estuviera basada en estructuras similares a las que conocemos, ha de tenerse en cuenta que la variabilidad potencial inherente a las combinaciones de componentes básicos como los aminoácidos para formar proteínas es tal que sólo se podría dar una fracción pequeña de ellas a lo largo de toda la existencia del Universo. Es decir, a diferencia del carácter universal de las leyes físicas, la vida es un fenómeno local, contingente y de una diversidad potencial prácticamente inagotable.

La reducción metodológica ha sido vital para el método científico. Según George Cowan, «el camino regio al premio Nobel se ha hecho generalmente mediante la aproximación reduccionista». El florecimiento de la Biología Molecular y sus aplicaciones a la Medicina fundamentan el sueño reduccionista de que la Química llegará a desentrañar todos los misterios de la vida, al menos en nuestro planeta. En esa aproximación se persigue un conocimiento exhaustivo de todos los componentes bioquímicos de la célula y de sus interacciones. Tomando el reduccionismo como la única opción metodológica, el proyecto de estudio de lo viviente está claro: seguir descubriendo componentes e interacciones hasta completar la relación de elementos que dan cuenta de que una célula viva. Pero sólo desde una cerrazón reduccionista puede obviarse una evidencia como es la complejidad de la vida.

A principios de los años ochenta, un grupo de científicos afiliados a Los Alamos National Laboratories, entre los que se contaba el célebre físico Murray Gell-Mann, interesados en el estudio de procesos dinámicos no lineales y en la simulación por ordenador, decidieron crear una institución dedicada al estudio de la complejidad, un término cuyo significado exacto fue dejado intencionadamente abierto. En 1987, la institución proyectada tomó realidad como el Instituto de Santa Fe.[33-36] Todo el mundo tiene un concepto intuitivo de lo que se entiende por complejidad, pero es indudable que un sistema puede ser más o menos complejo y por ello se han propuesto algunas posibilidades de medida de la complejidad, como el contenido de información algorítmica de Kolmogorov-Chaitin, que expresa la longitud del programa más corto (como secuencia de bits) con el que un ordenador universal imprimirá una secuencia y se detendrá, pero esta aproximación tiene el grave problema de que obtiene un valor máximo ante una secuencia puramente aleatoria. Por ello se ha propuesto como alternativa medir la complejidad efectiva como la longitud del esquema utilizado para describir las regularidades de un sistema. En vez de longitud de programas descriptivos puede hablarse de tiempo de ejecución de los mismos, de tal forma que la complejidad se definiría en función del tiempo requerido para que un ordenador universal estándar compute la secuencia, la imprima y se pare (profundidad lógica de Bennett).

La concepción holística de la Ciencia, especialmente centrada en el estudio de los sistemas complejos, ha inducido a la creación de instituciones y centros universitarios en Europa basados en una metódica de trabajo similar a la de Santa Fe, como L'Institut des Systèmes Complexes de Paris Île de France o el Max-Planck-Institut für Physik komplexer Systeme. Hasta qué punto esta perspectiva de interacción centrada en el estudio de la complejidad supondrá una superación del reduccionismo imperante es difícil de saber pero al menos ha puesto de relieve su ineficacia para abordar problemas que requieren el concurso de profesionales de distintas disciplinas y la necesidad de un nuevo discurso científico marcado por el encuentro de métodos de trabajo diferentes y un esfuerzo de las partes por divulgar su saber al otro sin pérdida de rigor científico y por generar preguntas interesantes desde distintas ópticas. Santa Fe ha supuesto, al margen de su producción científica, un llamamiento a la reflexión metodológica y a la vuelta a un diálogo entre científicos que recupere lo que a la Ciencia siempre le ha sido fundamental: una curiosidad promotora de cuestiones aparentemente ingenuas a la vez que fundamentales sobre los grandes problemas no abordables desde la reducción extrema.

El enfoque positivista que ha impregnado el desarrollo científico ha estado marcado por el mantenimiento de una sola de las causalidades aristotélicas, la eficiente, e incluso ésta se ha llegado a negar en el ámbito de la mecánica cuántica. Pero es difícil resistirse a la negación de otra forma de causalidad aristotélica, la final, como explicación de lo que sucede en el mundo biológico.

Lo que aprendemos lo transmitimos a futuras generaciones que no precisan así reencontrar lo ya descubierto por sus predecesores. Lamarck pensaba que eso, propio del mundo de la cultura, se daba también en todo el mundo de la vida: las adaptaciones de un animal se transmitían a su progenie. Si eso fuera así se daría una armonía entre mecanicismo y finalismo, pero Lamarck estaba equivocado. Fue Darwin quien mostró que la evolución no depende de la finalidad sino de la contingencia. Ninguna finalidad puede dirigir la formación de un organismo porque la relación causal tiene direccionalidad temporal, pero un finalismo residual, aunque no asumible científicamente, acaba sin embargo siendo aceptado como explicación de lo observado. No se dice sólo que un pulmón aumenta y disminuye su volumen periódicamente y que en el proceso entra aire atmosférico y sale aire empobrecido en oxígeno. Se explica más bien que el pulmón es una estructura anatómica que sirve captar oxígeno que a su vez oxida nutrientes proporcionando energía libre que servirá para sintetizar moléculas nuevas, para movernos e incluso para respirar, cerrando así el ciclo. Pero ocurre que ese «sirve para» constantemente utilizado en Fisiología, en Biología Evolutiva y en Medicina, no es apropiado en sentido científico estricto, porque una función no puede dirigir causalmente la estructura, sino sólo «seleccionar» la adecuada desde la oportunidad que brinda el azar.

En Física existió la apariencia de un finalismo en diversos fenómenos: la luz parece saber qué trayectoria elegir para ir de un punto a otro atravesando medios diferentes en un tiempo mínimo. Los cálculos de la mecánica clásica se hicieron más fáciles adoptando una perspectiva finalista, integral, hamiltoniana, que otra mecanicista, diferencial, newtoniana. Sin embargo, la explicación finalista es sólo aparente, pues se ha demostrado la equivalencia matemática de ambas formulaciones. El teorema de Noether asoció simetrías a leyes de conservación, haciendo innecesario cualquier contenido intuitivo finalista.[37] En Biología no ha ocurrido algo parecido y no sabemos si ocurrirá, pero es obvio que algo falta en el mecanicismo actual para hacerlo realmente comprensible sin argumentación teleológica. No deja de resultar pintoresco que Richard Dawkins, uno de los reduccionistas más radicales, defina su teoría evolutiva como la del «gen egoísta», atribuyendo implícitamente un finalismo inherente a la dinámica evolutiva aunque en su explicación lo descarte. Mientras siga siendo imprescindible utilizar términos finalistas, al menos en un nivel operativo, parece darse un vacío de comprensión del fenómeno viviente. No es descartable que esa situación obedezca a un límite real en la intuición de lo biológico dada por el hecho de ser nosotros mismos observadores vivos.

Nos reconocemos como seres vivos únicos, individuales, sabedores de nuestra muerte. Individuos en relación con otros que también se reconocen como tales. Pero el concepto de individuo es más difuso que el de sujeto. No cabe duda de un reconocimiento individual aun sin una conciencia como la nuestra. Pero además, se da una individualidad supra-organísmica. Stephen Gould ha puesto de manifiesto la importancia de reconocer una individualidad jerárquica como base para su teoría macro-evolutiva, de tal forma que el término «individuo», algo aparentemente obvio, se torna borroso, cobrando esencialmente un carácter operacional contraintuitivo, por el que una especie puede ser comparada a un organismo haciendo isomorfismos entre las características de la individualidad a distinto nivel jerárquico (nacimiento y muerte organísmica frente a especiación y extinción de especies, o individualidad organísmica frente a individualidad de especie por aislamiento reproductivo).[38] Resulta así que el término individuo es aplicable tanto a una célula como a un organismo o a una especie y algo tan «individual» como la consciencia puede reconocerse en esas distintas escalas. Si en el caso de una célula aislada resulta problemático hablar de consciencia, lo es menos en el caso de un primate o cuando nos hallamos frente a una sociedad de insectos. No hay soluciones de discontinuidad nítidas a lo largo de los distintos niveles de complejidad, exceptuando tal vez la consciencia como autorreconocimiento, como subjetividad sólo parcialmente comunicable a través del lenguaje.

Al acentuar el papel creador de la selección natural, más allá de una mera función restrictiva, Darwin y sus seguidores afirmaron el carácter esencial de la contingencia en la evolución de las formas vivientes. Teorías ligadas a un fundamentalismo religioso, desde el creacionismo más trasnochado hasta la ortogénesis y el diseño inteligente, no se sostienen por la evidencia empírica. Pero siempre ha habido una resistencia, con mayor o menor justificación, a un papel exclusivo del azar actuando sobre una variación aleatoria para entender la evolución tal como ha ocurrido. Las teorías formalistas han dado paso a una versión moderna en la que se acepta la función de una constricción interna, ontogénica, sobre las posibilidades de evolución. Aunque haya sido desterrada la vieja proposición de que la ontogenia recapitula la filogenia, siguen teniendo un valor determinante las cristalizaciones del proceso evolutivo en una pauta ontogénica que permite constreñir las posibilidades de evolución sólo en determinadas direcciones, aun cuando el azar siga jugando su papel esencial a la hora de elegirlas. Del adaptacionismo riguroso se ha pasado a una perspectiva en la que elementos no adaptativos, como las llamadas exaptaciones (rasgos potencialmente útiles en un futuro como consecuencia de su forma, en contraste con las adaptaciones, seleccionadas para un uso actual), pueden jugar un papel esencial.

El impulso a la teorización general, tan fuerte en Física, se da también en Biología, a pesar de reconocerse la importancia de lo particular, del accidente histórico, en la evolución. Así como en Física hay constantes, se han buscado invariantes biológicos. En los años treinta, Kleiber publicó en una oscura revista una ley que establecía que la tasa metabólica de cualquier organismo vivo era proporcional a su masa elevada a ¾. Ese exponente y, en general, exponentes múltiplos de ¼ permitieron establecer otras relaciones, llamadas alométricas, entre diversas magnitudes biológicas a lo largo de todos los tamaños individuales, tanto para animales como para plantas. La justificación de los exponentes de Kleiber se ha querido ver en que las propiedades de intercambio dependiente de superficies están a su vez relacionadas con la forma de éstas, fractal en buena aproximación (es decir, dependiente de una potencia fraccionaria de la dimensión lineal). Esa fractalidad hace de hecho que un sistema vivo se comporte como viviendo en cuatro dimensiones espaciales, de donde derivaría el valor del denominador.[39, 40] En el caso de una confirmación de la teoría de relaciones alométricas, su conjunción con la importancia de las distintas condiciones de contorno (tensión superficial, gravedad, viscosidad...) en relación al tamaño, permitiría establecer la existencia de constantes biológicas y una aproximación, en el contexto evolutivo, a una biología general para nuestro planeta. Al margen de esta posibilidad, permanece la gran cuestión del origen de la vida y si surgió asociada a una alta probabilidad o, por el contrario, fue un acontecimiento extraño.

Si la Biología no puede ser extrapolable a priori porque nada garantiza que las bases morfológicas y bioquímicas de la vida sean similares en otros lugares del Universo, parece más adecuado partir de la Física, para cuyas leyes el Universo observable parece isotrópico. Precisamente por ello, podría concebirse, a partir de esas leyes, más que del conocimiento biológico, una definición teórica de vida de ámbito general basándose en las restricciones de las leyes físicas. Si se asume que un carácter esencial de cualquier forma de vida es una direccionalidad temporal de sus manifestaciones, una visión basada en la Termodinámica podría ser iluminadora. Ha habido varios intentos al respecto, siendo muy sugestivos los de Koshland[41] y S. Kauffmann[42] quien considera como vivo cualquier organismo autónomo capaz de realizar al menos un ciclo de trabajo termodinámico. En cualquier caso, sigue sin poderse decir con claridad qué se entiende por vida.

La omnisciencia inalcanzable

El análisis anterior se ha referido a tres ámbitos: las Matemáticas, la Física y la Biología. Quizá sea conveniente expresarlo así, diferenciando a las matemáticas por su pluralidad. Precisamente las limitaciones encontradas por personas como Gödel, Turing, Church y Chaitin, al quebrar el sueño axiomático, han mostrado, a la vez que la inutilidad de perseguir una teoría del todo en Matemáticas, su apertura ilimitada a infinidad de áreas. Esa es una gran diferencia con la Física que sigue buscando con buen argumento histórico la gran unificación. Parece que una teoría del todo en Física es una posibilidad y en su investigación concurren las mentes más privilegiadas. Queda por ver si se conseguirá o no esa gran unificación, pero hay buenos motivos para la esperanza, basados en unificaciones previas de campos que se creía distintos.

Los límites descritos en Matemáticas y en Física han desconcertado pero a la vez se han manifestado como elementos generadores de creatividad científica. En el caso de la vida, el límite esencial es el de su propia indefinición por su carácter local y contingente. El carácter de individuo que es consciente de sí mismo se ha enfocado no sólo biológicamente, sino también desde la perspectiva de la Física y las Matemáticas, habiendo quien ve en el teorema de Gödel la base para creer imposible la existencia de inteligencia artificial similar a la humana (nuestro cerebro funcionaría de forma no algorítmica, no pudiendo así ser equivalente a ningún sistema algorítmico de inteligencia artificial). Pero los límites a la Biología y a las Neurociencias son esencialmente una cuestión abierta, a diferencia de los ya demostrados en Física y Matemáticas.

Sólo puede extraerse una conclusión: la Ciencia no es ni será nunca omnisciente. La naturaleza probabilística de la Mecánica Cuántica (aunque la función de onda es determinista) y la íntima relación de la vida con el azar hacen que la Ciencia sólo pueda alcanzar en general una visión probabilista del mundo, algo muy lejano a la omnisciencia. La Ciencia nunca lo sabrá todo. El Ser nunca nos dirá todo a través de la Ciencia, sino que se reservará siempre algo, hagamos lo que hagamos por descubrirlo, y quizá ese algo sea lo más importante. Quién sabe.

2. Ciencia y falsas ciencias

La Ciencia es un conocimiento sistemático logrado mediante un método basado en la observación, la experimentación y la formulación de teorías, siendo esencial para su avance el logro de una evidencia intersubjetiva comunicable en un lenguaje apropiado según la disciplina científica de que se trate. En función principalmente del carácter predictivo, el concepto de ciencia puede ser más o menos restringido. La Historia, por ejemplo, es un conocimiento sistemático, pero no tiene carácter predictivo y por ello no podría considerarse ciencia en el mismo sentido que la Física. Hay quien diferencia entre ciencias «duras», como la Física o la Química y ciencias «blandas», como la Sociología, en función de ese poder predictivo, pero sin que pueda establecerse una frontera nítida entre ambos conceptos.

Las definiciones de Ciencia varían según los distintos autores que las formulan, pero lo anteriormente expuesto recoge básicamente lo esencial: se trata de un conocimiento logrado por un método que tiene, según el sociólogo Robert K. Merton,[1] un etos propio caracterizado por cuatro elementos: el universalismo, por el que las afirmaciones de verdad han de someterse a criterios impersonales preestablecidos, coherentes con la observación y con el conocimiento confirmado previamente; un «comunalismo» o dependencia de la colaboración social; una búsqueda desinteresada y altruista del conocimiento y un escepticismo respaldado por criterios lógicos y empíricos.

Cuando no se aplica con rigor un método científico, el conocimiento derivado tampoco puede considerarse científico, siendo en tal caso un saber sobre un campo ajeno a la Ciencia o un pretendido conocimiento que, aunque se presente como científico, no lo es.

El atractivo de lo irracional

Cuando algo se presenta como científico, no siempre es fácil saber si lo es o no, pero hay casos en los que la distinción entre ciencia y falsa ciencia es muy clara, como sucede en lo concerniente a las llamadas generalmente pseudociencias. Por tales, se suele entender un conjunto de creencias carentes de base científica alguna pero que son transmitidas por sus partidarios como si de conocimientos científicos se tratase. Bajo ese nombre suele agruparse un heterogéneo grupo de pretendidos saberes como la ufología, la astrología, la quiromancia, la sanación, etc. Las pseudociencias alimentan algunas revistas y programas televisivos pero, más allá de constituir un mero entretenimiento, tienen un impacto muy importante desde el punto de vista socioeconómico y ético por su influencia en decisiones personales y políticas.

A pesar de la variedad e implicaciones de sus contenidos (no tiene el mismo peligro creer que los alienígenas han enseñado a construir pirámides que dejar sin vacunar a un niño), las pseudociencias comparten unos criterios comunes por los que son fácilmente reconocibles.

Anacronismo dogmático

Tal vez uno de los mejores ejemplos de esta característica esté representado precisamente por la homeopatía, fundada por Samuel Hahnemann (nacido en Meissen, una ciudad alemana, en 1755), quien tuvo su idea seminal al administrarse quinina y observar que le producía síntomas similares a los del paludismo, para el cual precisamente estaba indicado ese fármaco, viendo así un principio de curación por lo similar («similis similibus curantur»). Carente de base científica alguna, los homeópatas defienden dogmáticamente ese postulado y un efecto terapéutico de los principios activos a concentraciones tan bajas (obtenidas por diluciones seriadas en un proceso conocido como «potenciación») que pueden dar lugar a disoluciones en las que la probabilidad de hallar una sola molécula de principio activo sea despreciable, por lo que supondrían, para dar cuenta de su efecto, una «memoria del agua» como mecanismo causal. A pesar de la carencia de una hipótesis subyacente racional y a pesar de la ausencia de efectos en los ensayos clínicos realizados,[2] los homeópatas son renuentes a abandonar una teoría del siglo XVIII a la que se aferran dogmáticamente. Ha habido algún intento de demostrar científicamente el efecto homeopático. En 1988 un equipo dirigido por Jacques Benveniste publicó en *Nature*[3] un trabajo en el que se mostraba que muestras con anti-IgE tan diluidas que no podían tener más que agua inducían una desgranulación de basófilos (La inmunogloulina tipo E, IgE, media la respuesta alérgica. Los anticuerpos anti-IgE, uniéndose a IgE de pacientes alérgicos que esté a su vez unida a receptores de basófilos, un tipo de glóbulos blancos, inducen a éstos a liberar agentes químicos preformados y almacenados en gránulos). Los editores de *Nature* decidieron publicar el artículo pero con la condición de repetir después el experimento bajo condiciones controladas. Esa réplica arrojó resultados negativos.

Otro claro ejemplo de anacronismo dogmático es el creacionismo. Tanto en su forma tradicional de interpretación literal de la Biblia como en su versión pretendidamente moderna de «diseño inteligente», sus partidarios tratan y a veces consiguen imponerlo como enseñanza escolar en algunos estados de EE. UU.

El anacronismo dogmático va íntimamente ligado al estancamiento de todas las pseudociencias. Una vez establecido el dogma, simplemente se mantiene, de tal forma que la creencia en visitas alienígenas permanece tal cual, lo mismo que la creencia en el efecto benéfico de cristales o en el espiritismo y, por su contenido, difícilmente podría diferenciarse entre las revistas pseudocientíficas actuales o las de hace cincuenta años. En contraposición a la réplica metodológica de la Ciencia, en las pseudociencias sólo se asiste a una repetición de contenidos.

Uso inadecuado de términos científicos

El uso impropio de términos científicos facilita la difusión de meras creencias por confusión conceptual siendo frecuente que las pseudociencias utilicen sin rigor alguno términos como «energías» (positivas, negativas, de las piedras, transmitidas entre personas, etc.) o «cuántico», siendo uno de los ejemplos más patéticos al respecto el proporcionado por el libro y la película «¿Y tú qué sabes?» creada por la Ramtha School of Enlightenment,[4] en donde, de forma absolutamente pueril y sin fundamento científico alguno, repitiendo hasta la saciedad los términos «cuántico» y «supercuerdas», se propone una perspectiva New Age en el marco de la cual incluso se curarían los cuadros psicóticos mediante «explicaciones» apropiadas al enfermo. La intervención de físicos avalando lo irracional no es inexplicable pues la práctica del método científico no inmuniza a nadie contra la irracionalidad de un discurso fuera del campo de su especialidad.

A veces ocurre que, sin necesidad, se pasa del sentido común a la pseudociencia. Deepak Chopra es un médico endocrinólogo que combina su formación médica occidental con la práctica de la medicina ayurvédica. En 1999, la revista *Time* lo reconoció como uno de los cien personajes principales del siglo, definiéndolo como el poeta-profeta de la medicina alternativa. Uno de sus libros tiene el sugerente título *Cuerpos sin edad, mentes sin tiempo.*[5] En él se refiere a la conveniencia de llevar una vida relajada, con afectos, tiempo libre, meditación, ejercicio, etc. indicando lo perjudicial que resulta el modo de vida occidental habitual para nuestra salud, acelerando nuestro envejecimiento. Da una serie de recomendaciones higiénicas que cualquier médico podría suscribir y sería uno de tantos libros de autoayuda de escaso interés si se limitara a redactarlo desde la perspectiva de la medicina tradicional. Pero Chopra no puede resistirse al encanto de la Ciencia y quiere fundamentar el texto en lo que cree más atractivo, lo «cuántico», llegando a hacer afirmaciones tan gratuitas y vacías como éstas: «puedes controlar el contenido de información del campo cuántico» o «la visión cuántica del mundo, o paradigma nuevo, nos enseña que estamos constantemente haciendo y deshaciendo nuestro cuerpo» El desconocimiento de lo que es la entropía es evidente cuando señala que «la entropía no se aplica a la inteligencia: una parte invisible de nosotros es inmune a los estragos del tiempo. La ciencia moderna apenas comienza a descubrir las implicaciones de todo esto, pero ha sido impartido durante siglos mediante las tradiciones espirituales en las que los maestros han preservado la juventud del cuerpo hasta edad muy avanzada». Es decir, hay un saber antiguo que tiene Chopra y sus maestros y que ahora la Ciencia empieza felizmente a descubrir. Esta concepción de la Ciencia como redescubridora de lo que ya se sabía por parte de grandes maestros no es infrecuente en el discurso pseudocientífico.

Explicación a posteriori

Las hipótesis irrefutables son propias de todas las pseudociencias. Se podrán admitir hechos que las «confirmen» pero se descartará todo lo que se oponga a ellas. Si se cree en extraterrestres, cualquier enigma arqueológico tiene su explicación en la visita de aquéllos a nuestro planeta. Autores como von Däniken han publicado *best seller* basados en la hipótesis tan osada como injustificada del efecto civilizador de alienígenas que nos habrían enseñado a construir pirámides y que habrían dejado su recuerdo en abundantes muestras epigráficas.[6] Tanto los vulgares horóscopos como las profecías de Nostradamus o San Malaquías son pretendidamente confirmados a posteriori pero sin que se pueda en ningún caso establecer una hipótesis contrastable sobre el futuro. Un astrólogo, Urbano Madel, informa en su web[7] de sus predicciones de la muerte de Kennedy, la llegada a la Luna y los atentados del 11 S, entre otros fenómenos, pero no hace alusión a ninguna catástrofe futura, lo que resulta muy tranquilizador.

La aceptación general de descripciones vagas y generales como si fueran referidas a uno mismo, descrita por el psicólogo B. R. Forer, explicaría que fenómenos tan pintorescos como los horóscopos sigan existiendo.[8] Lo que no quita para que exista gente más o menos intuitiva; ya en su día le dijeron a César que se guardara de los idus de marzo, pero César no era precisamente un cobarde y no podía hacer caso ni de adivinos ni de los malos sueños de su mujer. Y es que generalmente uno no suele ver de sí mismo lo que ven en él los demás.

Atención a lo misterioso

No cabe duda de que lo misterioso atrae a un público y que la Ciencia nace en buena medida de la curiosidad, por lo que es perfectamente lógica la insistencia de lo pseudocientífico en todo lo que aparenta ser misterio no resuelto por la Ciencia. Los dibujos de Nazca, la comunicación con fantasmas, técnicas bioenergéticas o supuestos avistamientos de alienígenas conviven en las páginas de revistas y libros pseudocientíficos y programas de divulgación de ciencias ocultas.

El argumento Galileo

Los autores de escritos pseudocientíficos suelen denunciar en ellos una especie de persecución o silenciamiento de sus conocimientos por parte de lo que denominan «ciencia oficial». Así como Galileo sufrió los efectos inquisitoriales de la Iglesia, los defensores de ciencias ocultas o alternativas sufrirían también la incomprensión inquisitorial de una «ciencia oficial» (también se habla de «historia oficial») y sólo valerosos investigadores independientes tratarían de romper el pretendido secretismo de gobiernos relativo a expedientes sobre extraterrestres y fenómenos paranormales. La diferencia entre hacer Ciencia y pseudociencia no siempre es nítida en lo personal, dándose a veces el caso del científico que se considera genial y a la vez marginado porque sus aportaciones pretendidamente cruciales no son reconocidas debido a su nacionalidad (en España tenemos casos pintorescos de científicos «incomprendidos») o a sus circunstancias particulares. Es fácil que la comparación con Galileo compense frustraciones individuales, pero eso no convierte en Ciencia a la pseudociencia y es que, como dijo alguien, «para vestirte con el manto de Galileo, no basta con que seas perseguido por una organización innoble, debes además estar en lo cierto».

Pervivencia y peligros de las pseudociencias

Caracterizar lo que son las pseudociencias no da cuenta de su razón de ser. Por parte de sus defensores hay un interés económico obvio: viven de ello y además no les supone un gran esfuerzo dominar esos campos. No se precisan estudios ni hay riesgo penal si uno no se atribuye una titulación oficial de la que carece, aunque también se dan casos en los que la propia titulación oficial sirve de amparo a la práctica de pseudomedicina, proliferando médicos homeópatas o naturistas. Por el contrario, hacer Ciencia supone un gran trabajo, con la consiguiente inversión de gastos y tiempo para una formación previa en forma de licenciatura o doctorado y que, en la mayoría de los casos, es insuficientemente reconocido económica y socialmente. Menos de un diez por ciento de los artículos que reciben *Science* o *Nature* son publicados en ellas y a esas revistas sólo se presentan en general artículos brillantes que pueden haber supuesto el trabajo de años de un grupo de investigadores. Leerlos es difícil, ya que presuponen una buena base científica por parte de quien tiene interés en ellos, hasta el punto de que físicos trabajando en distintos campos pueden tener dificultades serias para leer las publicaciones de sus propios colegas en otras áreas de la disciplina. Las dificultades se hacen mayores cuando un biólogo trata de leer un artículo de Física y viceversa. Tal dificultad de trabajo, publicación y lectura no se debe a un hermetismo esotérico de una ciencia oficial, sino que es elemento intrínseco a la propia investigación científica. Si bien hay titulaciones oficiales, existen para reconocer unos conocimientos que avalan una capacidad de trabajo asociada a la responsabilidad consiguiente, pero no hay, no puede haber por su propia naturaleza, oficialización alguna de una tarea colectiva como es la Ciencia. Sería tan absurdo como hablar de un Internet oficial. La única oficialización posible de Internet o del conocimiento científico es negativa y sólo posible por medio de la censura política de contenidos.[9] Cuestión distinta es que colectivos de científicos constituyan grupos de presión sobre decisiones políticas e incluso interfieran en la creatividad científica de colegas, pero propiamente ni siquiera un reconocimiento «oficial» por parte de una institución puede hacer que algo ajeno a la Ciencia se convierta en tal. Por el contrario, son las pseudociencias las que persiguen apasionadamente su reconocimiento oficial, habiendo logrado que en algunas universidades la homeopatía sea disciplina académica.

Vivimos en el siglo XXI, habiendo pasado la revolución atómica, la biológica, y entrando ya en la neurocientífica y la nanotecnológica, inundados continuamente de noticias relacionadas con avances científicos y usando sus aplicaciones tan obvias como los coches, los ordenadores, el TAC o el GPS. ¿Cómo es posible que en tal momento histórico persistan las pseudociencias? No basta con sus promotores. Se precisa también un grupo amplio de receptores que estén dispuestos a admitir tonterías y pagar por ellas. Quizá la principal razón resida en que las pseudociencias sobreviven precisamente por su irracionalidad. Lo mágico ha impregnado la naturaleza humana desde siempre. No vamos a cambiar fácilmente una historia de millones de años. El psicoanálisis ha alejado la idea del ser humano como puramente racional, mostrando que somos movidos en buena medida por determinantes que nos son inconscientes incluyendo una pulsión de muerte que tiende a ignorarse. Sólo aparentemente es paradójico que en los países con raíces más puritanas y que más contribuyen al desarrollo científico aparezcan también de vez en cuando colectivos liderados por un iluminado que esperan la visita inminente de extraterrestres y llegan a suicidarse por ello como paso previo a su salvación. Decía Chesterton que «lo malo de que los hombres hayan dejado de creer en Dios no es que ya no crean en nada, sino que están dispuestos a creer en todo». El atractivo de la magia persiste y se fortalece en ausencia de religión y no basta con la Ciencia para neutralizarlo. Por el contrario, las propias aplicaciones tecnocientíficas tienen incluso, en cierto modo, algo de mágico (muy pocas personas saben cómo funcionan los objetos que usan cotidianamente) y, por otra parte, a pesar de su innegable avance, resulta que la Ciencia es lenta para muchas necesidades personales de aquí y ahora. Falta aún una curación definitiva para muchas enfermedades graves y falta un sosiego «científico» de nuestros miedos más profundos. La Ciencia es una tarea colectiva, de sucesivas generaciones, algo lejanamente comparable a la construcción de una catedral pero, aun viéndose como necesaria la catedral, cada uno precisa una choza propia en forma de respuestas concretas: una curación, una creencia fija, un saber qué va a pasar con su vida y, ante las limitaciones de la Ciencia actual y en ausencia de razones y de creencias basadas en las religiones tradicionales, se da frecuentemente el refugio en lo más irracional, en una respuesta general apriorística, dogmática y simple frente al vacío y al sufrimiento humanos. Ante una enfermedad incurable es tentador recurrir al posible milagro inexistente, como hizo Steve McQueen con el laetril. No hay sólo la atracción de lo que aún no ha sido desvelado, de lo mágico. Hay la necesidad de respuesta, de seguridad inmediata.

Ese es el gran peligro de las pseudociencias: el atractivo de su irracionalidad, desde la que se puede negar la eficacia de terapias convencionales o de prevenciones tan importantes como las vacunas, promoviendo a la vez el recurso a curaciones mágicas. La homeopatía mueve un mercado millonario y los videntes siguen ganándose la vida echando cartas. Pero las consecuencias dañinas van mucho más allá de las implicaciones en la salud o en los comportamientos individuales. Las pseudociencias alimentan viejas creencias míticas y facilitan la exclusión generalizada del otro, del diferente. El nazismo mostró crudamente el peso de las creencias pseudocientíficas en su política racial que le llevó desde la absurda diferenciación entre una ciencia judía y una ciencia alemana hasta un impresionante genocidio industrializado. Las preocupaciones esotéricas de Himmler son bien conocidas y sin duda alguna el vigor de viejos mitos germánicos en esa época colaboró al propio ascenso y mantenimiento del nazismo. El régimen estalinista, por su parte, también tuvo *su* ciencia amparando las trasnochadas teorías lamarckianas de Lysenko con consecuencias desastrosas para la agricultura y para botánicos contrarios a esa pseudociencia. Sucede que las creencias pseudocientíficas, que suelen esgrimir el argumento Galileo en un mundo democrático, tornan en inquisitoriales cuando se hallan al amparo de regímenes totalitarios.

Escepticismo y demarcación

No obstante todo lo anterior, ha de tenerse en cuenta el carácter histórico de toda actividad humana y la Ciencia lo es. Tanto en su inicio histórico como en la formación individual de un científico no se parte de la nada ante lo observable sino que siempre hay una imagen teórica inicial, aunque sea muy ingenua, que se va refinando mediante el estudio y el trabajo de investigación. El marco teórico se va perfeccionando individual y colectivamente a lo largo del tiempo y no es de extrañar que en determinados momentos las fronteras entre Ciencia y pseudociencia no fueran tan definidas como puedan serlo ahora. La Astrología y la Astronomía convivieron de forma indiferenciada durante mucho tiempo y ha de recordarse el interés astrológico de Kepler. Pero, con perspectiva histórica, no procedería tanto diferenciar en tales casos entre Ciencia y pseudociencia, sino hablar más bien de una protociencia aún no diferenciada, como también ocurrió en los inicios de la Química, mal diferenciada de los intereses alquímicos. Términos que en su día fueron propios de una protociencia, como las esferas aristotélicas, la imagen kepleriana de la relación entre órbitas planetarias, el flogisto o el éter, tuvieron interés como marco conceptual hasta que se superaron. Difícilmente podría considerarse a Paracelso como un científico en el sentido moderno del término pero, sin serlo, facilitó la aparición de la Ciencia. Caer en la pseudociencia equivale en la práctica a permanecer congelado en una fase de protociencia superada por la Historia.

El escepticismo es una característica esencial de la Ciencia. Sólo lo comprobable puede aceptarse. Ante las pseudociencias, la postura escéptica es la única respuesta y se concreta en los criterios propuestos por Beyerstein: las afirmaciones extraordinarias demandan una evidencia extraordinaria, la carga de la prueba pertenece a quien afirma algo, las afirmaciones deben ser verificables y la evidencia debe ser pública y accesible a todos los críticos competentes.[10] Mención especial merece al respecto un autor de la talla de Martin Gardner, no sólo excelente divulgador científico, sino hombre ilustrado que ha dedicado buena parte de su trabajo a desmantelar trucos de personajes con supuestos poderes psíquicos y a poner de relieve lo que él llama lo bueno, lo malo y lo falso de la ciencia.[11] La James Randi Educational Foundation prometía un premio de un millón de dólares a quien demostrase algún efecto paranormal. El premio ha quedado desierto hasta ahora y parece que se va a dedicar a otro fin.

A veces, las diferencias entre Ciencia y pseudociencia no son obvias. Hubo físicos que defendieron la fusión fría y hay médicos que rechazan vacunas esgrimiendo en ambos casos argumentos aparentemente científicos. En estos y otros casos, se trata de diferenciar claramente la Ciencia de lo que no lo es, siendo ese el problema de la demarcación planteado por la Filosofía de la Ciencia. Una de las soluciones planteadas fue el criterio falsacionista de Popper.[12] Utilizándolo, cualquier teoría científica seria ha de proponer pruebas observacionales o experimentales cuyo resultado permita rebatirla (falsarla). En caso de que no se dé tal falsación, la teoría se mantendrá y desarrollará como la mejor disponible, pero siempre con criterio de provisionalidad. Sin embargo,la posibilidad de aplicación universal del criterio de falsación al método científico es dudosa, siendo quizá el mejor ejemplo el trabajo en teorías de supercuerdas. Por otra parte, se han dado en numerosas ocasiones falsaciones sólo aparentes como las irregularidades orbitales que no sólo no falsaron finalmente la teoría newtoniana sino que la confirmaron al conducir al descubrimiento de un nuevo planeta. El criterio de falsabilidad supone tanto una teoría rigurosa como la suficiente precisión, exactitud y reproducibilidad de la prueba propuesta para falsarla. Según Popper, una teoría no falsable sería propiamente pseudociencia, pero es difícil admitir tal propuesta, tanto en campos teóricos de la Física (como las teorías del todo) como en ciencias, como la Biología o la Geología, más dependientes de lo contingente que de lo legal.

Lakatos rechaza resolver la cuestión Ciencia-pseudociencia mediante definiciones concretas, hablando más bien de programas de investigación progresivos o degenerativos. Los primeros serían los que mantienen su coherencia y conducen, al menos intermitentemente, a nuevas predicciones confirmadas, mientras que los segundos van perdiendo su coherencia y fracasando en llegar a ellas.

La respuesta a qué es la Ciencia es, por todo ello, difícil,[13] en gran parte porque el método es muy diverso entre las distintas ciencias. La unificación es utópica porque, a pesar de una cadena de relaciones causales, la existencia del azar y de interacciones no lineales entre componentes impide la reducción de todas las disciplinas a un determinismo físico-matemático ingenuo. No es lo mismo descubrir la etiología microbiana de una enfermedad que hacer una observación en un gran colisionador de partículas. Hay grandes diferencias en instrumentos, en tiempo de trabajo y en interacción entre disciplinas diversas. Los propios científicos dan respuestas con su actividad que difieren de las que plantean los filósofos de la ciencia. La Ciencia se crea sin que quien la hace se preocupe especialmente de su falsabilidad, buscando más bien un cuadro teórico basado en datos comprobables y que permita hacer predicciones verificables, sustituyendo en la práctica el falsacionismo por un enfoque verificacionista.

Extra scientiam nulla salus

A pesar de la pervivencia de lo mágico, el desarrollo de la Ciencia parece imparable y sus logros son impresionantes, siendo ya para muchos la única posibilidad de orientación en el mundo, un planteamiento conocido como cientificismo. Nuestra Real Academia da cuatro acepciones para este término. Una de ellas es la que utilizaremos a lo largo de este texto: «doctrina según la cual los métodos científicos deben extenderse a todos los dominios de la vida intelectual y moral sin excepción». Esa acepción se completa con otras dos que identifican el cientificismo con la afirmación de que los únicos conocimientos válidos son los adquiridos mediante las ciencias positivas y con la tendencia a dar excesivo valor a las nociones científicas o pretendidamente científicas. Si en 1302, el papa Bonifacio VIII en su bula *Unam Sanctam* definía que fuera de la Iglesia no hay salvación («Extra Ecclesiam nulla Salus»), el postulado cientificista sería «Extra Scientiam nulla Salus».

La posición cientificista es, pues, una exageración esencial, basada en creer que la Ciencia es la única posibilidad de conocimiento. El cientificismo atrae precisamente por el poder epistémico y transformador que ha mostrado la investigación científica, ante cuyos descubrimientos sucumbieron planteamientos filosóficos centenarios. Si la Ciencia nos ha enseñado tanto en tan poco tiempo en comparación con otras aproximaciones no científicas, ¿por qué no esperar que acabe dando la respuesta definitiva a todos nuestros interrogantes y la solución a nuestros problemas? Ese es el postulado cientificista esencial: La Ciencia sabrá todo y desde ella todo será modificable. Las aplicaciones del conocimiento científico a la Medicina han dado pie a pensar en un alargamiento progresivo del tiempo de vida, e incluso en una inmortalidad accesible en diferentes formas: criogenización, clonación o transferencia de nuestro «software» a un soporte físico o biológico, como veremos más tarde. La salvación de uno ya no depende de su comportamiento moral ni se percibe en un más allá, sino que es contemplable aquí y en un futuro próximo gracias al avance científico

Un elemento muy importante en el avance del cientificismo lo tienen los propios científicos, especialmente cuando se convierten en divulgadores. No es raro que un científico prestigioso en una disciplina pontifique sobre otras de las que tiene un conocimiento limitado. Ese traspaso de límites se da más frecuentemente desde la Física a la Biología y la Medicina que al revés, en parte por la falta de base en Física de biólogos y médicos pero en parte también desde el postulado cientificista epistemológico radical de que todo es reducible a la Física y, siendo así, quien la conozca suficientemente puede creerse capaz de explicar el mundo desde ella. Penrose es uno de los físicos vivos más brillantes pero no le basta con eso; también trata de explicar la consciencia desde una perspectiva cuántica tomando como estructura esencial a los microtúbulos, algo carente del menor fundamento biológico. Sagan, Hawking, Dawkins o Tipler también creen que su saber en Física o Biología les permite la extrapolación teológica. En general el cientificismo produce una transición radical en el estudio de contenidos metafísicos pues, de considerarlos a ellos en sí mismos, se pasa a analizar la naturaleza de la creencia en ellos. Así, Dios no es objeto de la Ciencia, pero sí lo sería la creencia en Él. Del mismo modo, un enamorado creería que el objeto de su amor es especial, siendo los motivos bioquímicos de esa creencia también analizables por el método científico.

Teoría. La superación posible

La pseudociencia y el cientificismo tienen un elemento común que es la ausencia de un método científico riguroso en el que basar sus afirmaciones. Ambas son, pues, falsas ciencias. Tanto si se asegura la eficacia de la homeopatía como si se sostiene una teoría bioquímica del enamoramiento se incurre en falsa ciencia. En el primer caso, no hay datos empíricos ni base racional que avalen una pseudociencia; en el segundo, se exagera desde datos incompletos.

A pesar de su coincidencia en no respetar el valor del método científico, bien por defecto en el caso de la pseudociencia (simplemente se omite), bien por extrapolación no fundamentada desde unos resultados científicos, viendo más de lo que hay, existen dos diferencias fundamentales entre la pseudociencia y el cientificismo. Una de ellas es el criterio de avance. Mientras los contenidos pseudocientíficos están congelados, el cientificismo asegura osadamente constantes descubrimientos trascendentales, especialmente relacionados con la concepción del ser humano. Otra diferencia reside en la implicación de los científicos. Aunque un científico puede hacer pseudociencia, la impronta de científicos es muy superior en el caso del cientificismo en donde grupos de grandes divulgadores pueden de hecho dar una imagen de la Ciencia que no responde a la realidad por la exageración de sus explicaciones. Se puede ser cientificista sin ser científico y viceversa, pero el peso de los científicos es muy importante en hacer ver a la Ciencia como la única referencia para situarnos en el mundo.

El término de Ciencia ha sustituido la vieja expresión de Filosofía Natural. Los aspectos terminológicos son importantes para definir campos y, sobre todo, su legitimidad ética. Si «ciencia» no es aplicable sin dificultades a la Psicología, a la Historia, a la Antropología, a la Etnología o a la Mitología, necesitamos otro término que no sea su reverso, que no sea pseudociencia, pero evitando a la vez la caída en el cientificismo. Y tal vez uno oportuno sea el de teoría.

A la Metafísica se refiere Aristóteles, sin usar ese nombre obviamente, como la ciencia que contempla el ente en tanto ente y aquellos atributos que le son propios. En esa expresión está contenido el término θεωρειν que primariamente significaba ver u observar. Ya en sentido aristotélico es claro que observar no supone una mera impresión sensorial, sino que implica atención a algo con finalidad de entenderlo. La actividad teórica, θεωρία, considerada así, como observación en sentido amplio, como una mirada propiamente, es un ejercicio de entendimiento que puede recurrir o no a la Ciencia como elemento auxiliar.

Sin llegar al objetivo metafísico, se puede teorizar sobre algo. Se le puede observar y describir, con afán de entenderlo, siendo requisito de ese entendimiento el lenguaje como elemento de descripción y de comunicación a otros, ya que sólo lo que se entiende colectivamente es realmente entendido. Lo inefable puede ser vivenciado pero no comprendido.

Teoría es así actividad del entendimiento humano para comprender el mundo a través del lenguaje pero no ya desde una observación ingenua, sino con todos los instrumentos a nuestro alcance, uno de los cuales es la propia Ciencia. La Historia o la Psicología no son factibles ya sin el recurso a la Ciencia.

La Teoría puede ser o no científica pero no es pseudociencia. Supone la posibilidad de utilizar todos nuestros recursos metodológicos para explicarnos la realidad. La Literatura y el Arte, al menos en algunas de sus facetas, pasan así a ser propiamente una forma de teorizar sobre el hombre, describiéndolo y tratando de entenderlo, comunicándolo. Conviene recordar que Aristóteles daba más valor a lo poético que a lo histórico porque no se limitaba a describir sino que mostraba lo representativo y lo ejemplar.[14]

Las teorías surgen de una necesidad de explicación y responden a datos empíricos. Según las posibilidades metodológicas serán más o menos científicas y cabe utilizar la expresión «más o menos» con entera propiedad, pues uno de los elementos del método científico, la capacidad de predicción, difiere entre las distintas disciplinas y no es lo mismo predecir el comportamiento de un haz de electrones que el de un ecosistema. Y por eso pueden incluso no ser científicas en absoluto en sentido riguroso sin perder un ápice de su valor. Es legítimo por ello considerar una teoría de la Historia, aunque no sea una ciencia. Las teorías difieren en su cientificidad y significado, pero no por ello puede decirse que unas son mejores que otras o descartar las que no se enmarcan en lo que se conoce habitualmente como ciencias duras. Hay tres grandes ejemplos de estas diferencias.

La relatividad y la mecánica cuántica expresan el rigor y el poder del método científico en sentido «duro» llevado a sus últimas consecuencias. Comparten el carácter contraintuitivo de elementos que les son esenciales: la invariancia de la velocidad de la luz y la dualidad onda-partícula, pero esa falta de intuición inicial no es óbice para un magnífico poder de predicción de fenómenos naturales.

La teoría de la evolución está avalada por datos empíricos incluyendo el registro fósil. Con un poder predictivo limitado, es más bien retrodictiva, de explicación del pasado, pero es una gran teoría sostenida por el encuentro de disciplinas diversas. Es una teoría científica, pero no puede decirse de ella que lo sea al mismo nivel que la relatividad o la mecánica cuántica.

Otra teoría revolucionaria es el psicoanálisis. Es propiamente una teoría de la subjetividad por lo que difícilmente puede ser contrastable con métodos empíricos que vayan más allá de la propia relación analítica. Eso ha hecho que se la califique de no científica e incluso que haya autores como Mario Bunge que la consideran pura pseudociencia, lo que no es de extrañar ya que para Bunge la línea de avance de la Física, marcada por el trabajo en teorías de gran unificación también es pseudociencia al no cumplir el criterio de falsabilidad. Por el contrario, Eric Kandel, ganador del premio Nobel de Medicina en el año 2000 por sus descubrimientos neurobiológicos, opina que el psicoanálisis representa la visión más coherente e intelectualmente satisfactoria de la mente y cree que su reducción a la aproximación neurobiológica no sólo sería indeseable sino imposible, aunque sea interesante el solapamiento de tareas entre él y la psicología cognitiva y la neurobiología.[15]

Así pues, una aproximación al estudio de lo humano en los aspectos psíquico, sociológico, antropológico, religioso, etc., no tiene por qué ser estrictamente científica, aunque pueda enriquecerse notablemente desde la Ciencia. Tal vez no pueda serlo nunca y no hay razón para presuponerlo apriorísticamente. Quizá, por no ser reducibles a un marco puramente positivista, ni caer en el ámbito de las pseudociencias, y por estar alejadas del Arte y la Filosofía, puedan englobarse todas estas investigaciones hechas con honestidad, y con métodos y lenguaje propios, en el amplio y prístino concepto de Teoría.

3. Cientificismo y sujeto

Reducción, Ciencia y Cientificismo

La reducción metodológica es inherente al avance científico. Persigue en la práctica aislar las variables cuyo estudio permite entender un fenómeno. Un ejemplo lo proporcionan los experimentos que mostraron que el ADN era el vehículo de la información genética. A partir de ahí, la elucidación del modelo estructural de esta molécula y experimentos sucesivos permitieron entender los mecanismos moleculares básicos de la herencia.

Existe otro tipo de reducción, la epistemológica, por la que unas teorías pueden ser integradas en otras más generales y básicas. Según Nagel,[1] se efectúa una reducción epistemológica cuando se demuestra que las leyes experimentales de la ciencia secundaria (y, si ésta posee una teoría adecuada, la teoría también) son consecuencias lógicas de las suposiciones teóricas de la ciencia primaria. Las ecuaciones de Maxwell integraron en un cuadro teórico único dos campos que se creían diversos, como la electricidad y el magnetismo. La mecánica newtoniana sería a su vez una derivación de la einsteniana, más general. La reducción epistemológica es concebible incluso entre disciplinas diversas de tal forma que la Química en su conjunto podría ser reducible a la Física. Si se admite este tipo de reducción para órdenes sucesivos del conocimiento, desde la Biología a la Psicología, con una teoría de gran unificación o, como se suelen llamar, del Todo, todo estaría dicho. Se mantendrían los lenguajes de las diversas disciplinas pero sólo por razones prácticas, de forma análoga a lo que ocurre en la programación de ordenadores: aunque toda sea reducible a una secuencia de bits, es más cómodo usar lenguajes de alto nivel que lenguaje máquina.

Al margen de las dificultades que implica la aproximación reduccionista epistemológica, se da aun una forma de reduccionismo más profunda, el reduccionismo ontológico, según el cual las entidades de un nivel superior no sólo estarían compuestas por entidades de un nivel inferior sino que sus propiedades serían causalmente determinadas exclusivamente por los componentes del nivel inferior y sus interacciones. Frente a esta postura, que supone un monismo ontológico cuasi-atomístico, se plantean visiones holísticas, como el emergentismo que entiende que a cada nivel de organización aparecen asociadas propiedades nuevas e irreducibles a las de un nivel inferior, de forma que no pueden ser deducidas de un conocimiento completo de los componentes, tomados aisladamente o en combinaciones parciales. Dicho de otra forma más simple, para el emergentismo el todo es más que la suma de sus componentes.

Es incuestionable el valor de la reducción metodológica para el avance científico, pero es muy discutible la posibilidad de una reducción epistemológica y, sobre todo, la de una reducción ontológica. Parece claro que un sistema biológico resulta en última instancia de un conjunto de moléculas en interacción, sin que sea aparente la necesidad de un elemento no físico para dar cuenta de lo viviente, como suponía el vitalismo, pero aun así es difícil no ver un salto cualitativo entre una célula viva y el conjunto de sus componentes y sus interacciones. A medida que se avanza jerárquicamente en niveles de complejidad, la perspectiva reduccionista se hace más difícil de sostener, siendo uno de los elementos más problemáticos para ella la explicación de la intencionalidad y, en general, cualquier forma de causalidad descendente (downward causation), por la que las propiedades del nivel superior tienen efectos causales sobre las del nivel inferior. Pero aun sin esa causalidad descendente, es difícil aceptar un reduccionismo extremo por el cual también un poema no sería más que una serie de palabras o, lo que es lo mismo, algo explicable como una secuencia de bits o una concatenación de átomos.

La posibilidad de reducción epistemológica y ontológica pertenece más bien al ámbito de la Filosofía que al de la Ciencia, aun cuando es una cuestión abierta a la discusión interdisciplinaria. No es posible asegurar desde el conocimiento científico que tales reducciones serán factibles. Pero si desde la Ciencia es asumible el valor de la reducción metodológica, desde el cientificismo se postula sin fundamento un reduccionismo ontológico por el que desde un conocimiento científico insuficiente se trata de explicar lo desconocido. Ese reduccionismo exagerado aplicado al ser humano se ha dado siempre en mayor o menor grado, en forma de medida frenológica o de cociente intelectual, por ejemplo, pero en la actualidad ha cobrado un gran vigor. El cientificismo, con pretensión de explicar todo lo humano, ha confundido en la práctica la reducción metodológica, de valor indiscutible, con el reduccionismo ontológico de lo aun no conocido, con lamentables consecuencias en Medicina y en Psicología.

Vidas saludables

Hubo Medicina antes que Ciencia. Aunque fuera mágica, la Medicina, como actividad personalizada, centrada en la relación médico-enfermo, buscaba y a veces conseguía curar enfermedades y paliar el dolor de personas concretas. Hasta bien entrado el siglo XX, la capacidad de curación descansaba esencialmente en un saber empírico enmarcado en teorías en las que se mezclaban conocimientos racionales con creencias míticas. No son tan antiguos el messmerismo ni el orgón de W. Reich y mucho menos los métodos antienvejecimiento basados en la inoculación de extractos testiculares o trasplante de testículos de mono. Con tan poca base, la personalidad del médico y la confianza del paciente jugaban un papel esencial en una relación con consecuencias terapéuticas. Con las aplicaciones de la Física y de la Química se revolucionaron los medios diagnósticos y terapéuticos. De intuir una anatomía alterada mediante la palpación se pasó a verla directamente con técnicas de imagen. De aplicar terapias empíricas se está pasando a su diseño racional. De entender la enfermedad en forma mítica y más tarde anatómica, se llega progresivamente a su comprensión en términos moleculares. Toda esa iluminación de la práctica médica desde el conocimiento científico ha facilitado que la Medicina quiera reconocerse a sí misma como Ciencia, dejando atrás el viejo concepto de «ars medica». Pero la Ciencia supone la reducción de lo que estudia y por eso la Medicina sólo puede convertirse en Ciencia si tal reducción es factible en su objeto de estudio. Ahora bien, dicho objeto no es sino una relación médico-enfermo que, por ser eso, relación entre sujetos, no parece reducible. ¿Qué hacer, entonces? Transformar el objetivo de la propia Medicina, negando lo subjetivo frente a lo medible, lo que supone en la práctica dar naturaleza de ser a la enfermedad frente al enfermo y anular a éste como sujeto convirtiéndolo en cuerpo que tiene una enfermedad.

La ontologización de la enfermedad

La atribución de ser a la enfermedad, como algo separable del enfermo, se ha facilitado por una taxonomía clínica sustentada en explicaciones anatómicas, fisiopatológicas y, más recientemente, moleculares. El concepto de enfermedad se ha ido asociando a algo sobrevenido al enfermo, un objeto de estudio previo a una decisión clínica. La ontologización de la enfermedad se facilita por una especialización creciente por órganos y aparatos anatómicos, de tal forma que es muy común que un enfermo tenga que recurrir a diferentes especialistas, cada uno de los cuales sólo atiende una parcela de su cuerpo y ninguno le atiende a él como sujeto. Los generalistas son cada vez más intermediarios entre el enfermo y médicos especialistas, de tal forma que hoy en día el cuerpo enfermo sólo se observa entero en niños (aunque ya hay sub-especialistas dentro de la Pediatría) y en muertos. En el primer caso se trata de un sujeto en construcción. En el segundo, de un sujeto que ya no está. El patrón áureo del saber sobre cómo ha enfermado una persona es anatómico, la biopsia en vivos y la necropsia en muertos, siendo así el patólogo el más fundamentado para diferenciar la enfermedad ontologizada de quien la padece, ya que diagnostica enfermedades sin ver enfermos o viendo cadáveres.

Desde la ontologización de la enfermedad se puede considerar una Medicina científica, ya que la enfermedad entendida como mero proceso biológico sí que es reducible y esa posibilidad ha cobrado un extraordinario vigor con el diagnóstico molecular, hasta tal punto que, al menos en el caso de algunas enfermedades monogénicas, dicho diagnóstico es también pronóstico, elemento predictivo incuestionable que determinará cómo enfermará un individuo.

Ese cambio de lo que la Medicina tiene entre manos, de la relación médico-enfermo, se percibe en el cambio del ritual que la acompaña. Los elementos clásicos de actuación diagnóstica (anamnesis, inspección, palpación, percusión y auscultación) están siendo desterrados por las pruebas que aun se siguen llamando complementarias (analíticas e imágenes). En general, se da una tendencia a la separación física entre el médico y el enfermo. El estetoscopio facilitó en su día una separación pudorosa de ambos. Paradójicamente hoy en día, exceptuando el oftalmoscopio, es el fonendoscopio el elemento que más aproxima el médico al enfermo, si bien este instrumento está cobrando un papel más simbólico que utilitario. Llevado generalmente colgado del cuello, sirve para identificar a su portador como médico.

Si lo que existe son enfermedades y no enfermos, el olvido del sujeto, a pesar de los avances diagnósticos y terapéuticos, tiene consecuencias catastróficas. Su parcelación en órganos atendidos por distintos especialistas conduce habitualmente a peregrinaciones inter-consulta y a cascadas de pruebas diagnósticas frecuentemente inútiles y potencialmente dañinas. La ignorancia de sus circunstancias personales puede impedir poner en marcha recursos terapéuticos basados en la propia naturaleza del enfermo (efecto placebo); la sustitución de la comunicación responsable por consentimientos «informados» sometidos a protocolo genera confusión, miedo y litigios posteriores. El olvido de su ser como persona, especialmente cuando es llamado «terminal», conduce a un abandono atroz. Los hospitales están planteados para enfermedades que se tienen, enfermedades agudas principalmente, pero no para sujetos que son enfermos. La ontologización de la enfermedad ha ocurrido a expensas de una pérdida de ser del enfermo, de una anulación del sujeto que sufre.

Tal vez ese olvido del sujeto sea la causa de la proliferación de todo tipo de curanderos y practicantes de medicinas alternativas que invocan lo «natural», lo «cuántico» y las «energías» como elementos clave en su intervención. A esas prácticas carentes de la menor base científica que sustente su teoría y que han mostrado su fracaso en ensayos clínicos, acuden tanto analfabetos como personas de alto nivel cultural y científico y no sólo por problemas menores o por esnobismo. Probablemente la razón fundamental estribe en que la negación del sujeto por la Medicina lo es esencialmente del sujeto esperanzado, y cuando no hay esperanza no suele surgir la resignación sino la desesperación que se encamina hacia lo irracional.

La enfermedad normativizada

Aislada del sujeto, la enfermedad puede medirse, compararse, en una palabra, someterse a norma. Tal normativización relacionada con su gravedad o con su respuesta a fármacos se fundamenta en la Estadística. Sólo homogenizando y comparando grupos de individuos y sólo haciéndolo de tal forma que la probabilidad de que un individuo pertenezca a uno u otro grupo sea la misma, y sin que el enfermo ni el médico sepan a qué grupo pertenece aquél, pueden evaluarse cuantitativamente factores de riesgo o efectos de terapias. Este modelo, conocido como el ensayo clínico randomizado a doble ciego, es el estándar de lo que se ha venido en llamar Medicina basada en la evidencia (o en pruebas, según los puristas) conocida por su abreviatura inglesa como EBM. El profesor Cochrane, epidemiólogo escocés, mediante su libro *Effectiveness and Efficiency: Random Reflections on Health Services* se convirtió en apóstol de esta nueva forma de entender la medicina científica. Surgieron centros basados en la EBM (los Cochrane Centres) e incluso una colaboración internacional Cochrane. Un grupo de investigación de la Universidad McMaster liderado por David Sackett y Gordon Guyatt estableció las metodologías propias de la EBM y surgieron los «expertos» en señalar los distintos niveles de evidencia de estudios clínicos, apareciendo también revistas y libros en los que se recogen tratamientos y protocolos clínicos orientados por la EBM.[2]

Ocurre que, por muy bien diseñados que estén, se dan diferencias entre estudios estadísticos que persiguen responder a una misma pregunta. Esas diferencias han conducido a los llamados estudios de meta-análisis que intentan, desde una comparación ponderada, obtener conclusiones prácticas. Pero ocurre que también aparecen contradicciones entre meta-análisis y ya surgen los meta-meta-análisis, y es que la EBM necesita ella misma de evidencia que la haga creíble, habiendo sido muy criticada por algunas de sus implicaciones: facilita la aparición de expertos «ex cathedra», no es inmune a potenciales conflictos de interés y sólo es aplicable a problemas clínicos frecuentes. El punto final de estos estudios suele ser simple: el tiempo, expresado como mediana de supervivencia o como porcentaje de casos que desarrollan una enfermedad determinada en un período dado. Y es que el contexto en que se da la EBM es el de un afán de longevidad, sin que preocupe excesivamente cómo se va a vivir los años de más que hipotéticamente puedan darnos los protocolos basados en ella. Tal contexto muestra su exageración en Oncología, en donde la significación estadística prima muchas veces sobre la significación clínica, favoreciendo en algunos casos la instauración de tratamientos muy agresivos que se traducen en incrementos de la mediana de supervivencia del orden de pocos meses.

Desde la Estadística, desde la norma, la calidad de la actuación médica pasa a ser entendida al modo industrial, con sus certificaciones ISO y auditorías de calidad, como adecuación de una práctica a protocolos establecidos, hasta el punto de que la atención a dichos protocolos sirve de argumento en juicios por errores médicos, justificando así una medicina cada vez más defensiva y que se traduce en un incremento innecesario de pruebas diagnósticas no siempre inocuas.

Locuras

La ontologización de la enfermedad se ha facilitado por criterios anatómicos o fisiopatológicos comunes a quienes la padecen, haciendo del estudio anatomopatológico y de la Genética Molecular las bases para esa reificación. El problema surge cuando se desconocen las bases anatómicas o moleculares de la enfermedad y eso ocurre en la mayoría de los trastornos mentales. Sin embargo, desde los orígenes de la Psiquiatría, se ha dado un afán taxonómico, basado en la clínica, que ha dado lugar a excesos.

En 1950, el Comité sobre Nomenclatura y Estadística de la Asociación Americana de Psiquiatría (APA) preparó un borrador de una nueva nosología psiquiátrica que amalgamaba tres nomenclaturas en uso alrededor de la segunda guerra mundial: la de la propia asociación, la de las fuerzas armadas y la de la administración de veteranos. En 1952 se publicó la primera edición de un libro que acabaría convirtiéndose en la biblia de muchos psiquiatras actuales: el «Diagnostic and Statistical Manual of Mental Disorders» (DSM). En 1968 se publicó una nueva versión, el DSM II, que alcanzaba un total de 162 diagnósticos. Ambas ediciones del DSM estaban influidas por los conceptos del psicoanálisis, entonces imperante, diferenciando claramente entre neurosis y psicosis[3], pero, bajo el liderazgo de Robert L. Spitzer, se trabajó en la modificación del manual, aprobándose en 1979 su tercera versión (DSM III) en la que el número de diagnósticos llegó a 265. En ella, la desaparición del término neurosis indicó el cambio de perspectiva que condujo a la proscripción de las aportaciones del psicoanálisis y a la adopción de un sistema centrado en constelaciones borrosas de síntomas agrupadas en familias sin fronteras nítidas entre ellas. Posteriores revisiones del manual condujeron a la aparición del DSM III R y después al DSM IV. En él los trastornos se definen desde la covariación de síntomas. No hay razón para suponer una correlación directa con la historia natural de los distintos cuadros ya que desórdenes descriptivamente separados pueden surgir de una etiología común y un mismo cuadro podría proceder de causas diferentes. La respuesta a fármacos tiene también poca relación con la diferenciación de trastornos que establece el DSM.

El DSM pasó de ser lo que su nombre indica, un manual estadístico y diagnóstico, a convertirse en referencia esencial para muchos psiquiatras. Pero hay una gran diferencia entre la aproximación estadística y la casuística que, si se olvida, conduce a la anulación del sujeto. Circunstancias muy diversas en lo biológico y en lo biográfico pueden compartir una etiqueta idéntica tomando el DSM como referencia, con las implicaciones terapéuticas consiguientes. Tomándolo sólo como manual diagnóstico se olvida su carácter esencialmente estadístico, de constelación de síntomas, una constelación creciente que ha inducido a un columnista de Time a escribir que, dada la cantidad de trastornos existentes en el DSM, sólo cabe decir que si alguien no se ve reflejado en alguno de ellos es que probablemente padezca algo realmente serio.[4]

Hay un gran salto cualitativo entre utilizar criterios taxonómicos para clasificar elementos de propiedades mensurables, como productos químicos (Mendeleiev) o plantas (Linneo) y clasificar enfermedades como entidades nítidamente separadas, pero el salto es mucho mayor cuando se trata del padecimiento psíquico. La ontologización del la enfermedad mental se relaciona con un biologicismo psiquiátrico, pero el DSM no tiene nada de biológico ni de biográfico, siendo una mera descripción de conjuntos de síntomas. Y eso supone un problema en un tiempo en el que la Psiquiatría quiere ser reconocida como científica. Las técnicas de imagen permiten establecer correlaciones anatómicas con la enfermedad psiquiátrica pero no bastan tampoco para superar la clasificación fenotípica de las nosologías convencionales, DSM incluido. La ausencia de una base biológica que permita superar una nosología clínico-estadística y la variabilidad de respuesta farmacológica en cuadros aparentemente similares o idénticos han hecho desde hace tiempo mirar a la Genética como lugar de respuesta a los interrogantes que plantea la enfermedad psiquiátrica.

El fenotipo es el conjunto de caracteres observables asociados a una constitución genética dada. En ausencia de marcadores fenotípicos claramente patognomónicos en Psiquiatría, tanto clínicos como bioquímicos o morfológicos, se ha adoptado la vía de sugerir el estudio de endofenotipos, un término que presenta cierta confusión, pero por el que se pretende entender un determinado patrón neurocognitivo subyacente. Cada enfermedad psiquiátrica resultaría de una interacción de endofenotipos, la caracterización de los cuales permitiría un enfoque más simple del problema genético supuestamente asociado. Se trataría, no ya de encontrar los genes responsables de la esquizofrenia, sino de los endofenotipos relacionados con ella, como podrían ser la función oculomotora o la memoria de trabajo.[5] Se ha utilizado el término endofenotipo para alteraciones tan diversas como el alcoholismo, el trastorno de atención o la «impulsividad». En la Universidad de Rockefeller tuvo lugar un taller titulado «Phenotypes and Genetic Analysis of Complex Traits», cuyo propósito fue examinar la definición de fenotipo para rasgos complejos neuropsiquiátricos.[6] Pero el carácter científico del propio término es, cuando menos, dudoso. O hay marcadores o no los hay. Y si no los hay, llamarle endofenotipo a lo que es un fenotipo mutilado no resuelve la cuestión.

Genes enfermos, criminales y locos

Una vez dado el ser a la enfermedad, ésta precisa ser explicada para ser comprendida, diagnosticada, pronosticada y tratada. La enfermedad es vista cada vez más como una expresión genética alterada. Para demostrar la herencia de un carácter, la Genética humana ha tenido tradicionalmente un serio problema derivado de la lentitud de reproducción (no es fácil disponer de grandes árboles genealógicos, como ocurre con especies de reproducción rápida). Por otra parte, exceptuando marcadores ligados al sexo, como la hemofilia, fue muy difícil encontrar fenotipos fácilmente reconocibles relacionados con enfermedades posiblemente hereditarias. Los marcadores morfológicos (color de ojos o del pelo, altura, aspectos morfológicos diversos) son escasos y poco útiles porque generalmente están determinados por más de un gen. Se empezaron a buscar polimorfismos a escala molecular, analizando variantes proteicas detectables mediante un análisis conocido como separación electroforética. El gran hallazgo resultó de ver que el ADN no sólo era portador de información genética, sino que podía usarse como marcador, haciendo uso de los llamados polimorfismos de fragmentos de restricción (RFLP), obtenidos tras cortar el ADN con unas enzimas llamadas restrictasas, que mostraron ser exitosos en el diagnóstico de la enfermedad de Huntington.[7] A partir de ahí, se hizo posible el diagnóstico genético de otras enfermedades y, en algunos casos (distrofia de Duchenne, mucoviscidosis...), la caracterización del gen defectuoso. Los polimorfismos de tamaño y de número de repeticiones de secuencias de ADN dieron lugar al nacimiento de la Genética Humana moderna a la vez que se iban desarrollando métodos poderosos de secuenciación en la línea del proyecto Genoma.

Con el éxito alcanzado en enfermedades debidas a la alteración de un solo gen (monogénicas), estas técnicas facilitaron un reduccionismo extremo que postulaba en la práctica que la mayoría de enfermedades y comportamientos serían monogénicos y que los polimorfismos de ADN podrían ser una buena herramienta para descubrir el gen responsable de cada cuadro patológico. Así, se atacó el problema de la enfermedad psiquiátrica estudiando la población amish en la que, por alguna razón, se daba una concentración alta de casos que padecían psicosis maníaco-depresiva (expresión ahora dulcificada como «trastorno bipolar»). Todo parecía indicar que el gen bipolar se localizaba en el cromosoma 11, con lo que habría una prueba de una base genética de una enfermedad psiquiátrica frecuente, pero los amish no se comportaron tan locamente como se esperaba y el número de psicóticos final eliminó la significación estadística previamente obtenida.[8] En la actualidad, las cosas parecen ser muy diferentes a lo inicialmente esperado. Una revisión publicada en *Psychiatry and Clinical Neurosciences*[9] señala una relación del trastorno bipolar con once genes candidatos localizados en ocho cromosomas diferentes y discute otras asociaciones posibles. El número de genes relacionados con la esquizofrenia es creciente y su efecto reconocible cada vez más débil, pero además hay solapamientos en la relación con el trastorno bipolar. Esos hallazgos mostraron la ingenuidad de perseguir un patrón mendeliano, monogénico, revelando por el contrario el carácter poligénico subyacente a las psicosis y su relativa debilidad determinista, quebrando definitivamente las esperanzas de un modelo esencialista de la enfermedad psiquiátrica.[10-12]

El proyecto Genoma consiguió secuenciar la práctica totalidad de nuestros genes. Pero ese resultado es simplemente una masa de datos en bruto de los que obtener la información adecuada y para ello están en marcha proyectos derivados, como el «HapMap» o el «1000 Genomes Project», centrados en la caracterización de polimorfismos de nucleótido único (SNP) de interés, el «ENCODE Project», que persigue la identificación de todos los elementos funcionales del Genoma, o el «Cancer Genome Atlas» centrado específicamente en la investigación de los genes relacionados con las diferentes formas de cáncer. Todos estos proyectos entroncan en una discusión antigua sobre el determinismo humano, el problema *nature versus nurture*, es decir, hasta qué punto es importante la dotación genética de una persona o más bien la influencia del entorno en el que vive. Pues bien, el reduccionismo genético intenta abarcar incluso la interacción gen-ambiente, siendo ese el objetivo de investigación conocido como «Genes, Environment and Health Initiative» y es que en nuestros días, como indica un número reciente del *New England Journal of Medicine*, «decir que las enfermedades más complejas están causadas por una interacción entre genoma y ambiente es un cliché».[13] La Medicina torna así en oráculo moderno. El oráculo de los viejos griegos era inmediato, ambivalente, por lo que respondía a una pregunta individual que debía ser bien meditada, una pregunta relacionada generalmente con la actitud ética que obtenía una respuesta no siempre deseada y que podía ser rechazada con la propia biografía, a veces con consecuencias trágicas. El oráculo científico, basado en la Genética, es rápido, tiende a la exactitud, no requiere una pregunta del sujeto y es determinante, no pudiendo ser modificable por él, aunque sí por otros, como sus padres, antes de que él propiamente exista más allá de un estado pre-embrionario.

Esa persecución del oráculo basado en la Genética no es reciente. En 1953, año en que se publicó el modelo estructural del ADN, Lejeune asoció el síndrome de Down a la existencia de un cromosoma supernumerario (trisomía 21). Aun sin conocer qué genes estaban implicados, el estudio morfológico de los cromosomas (cariotipo) revelaba un potencial que no sólo se aplicó al diagnóstico de multitud de entidades sino que también fue rápidamente extrapolado al modo cientificista. En 1965 se publicó un artículo en el que se comunicaba que 7 de 197 hombres recluidos en el State Hospital de Carstairs en Escocia por conducta peligrosa tenían un cromosoma Y supernumerario.[14] Otros trabajos aparecieron en la línea de relacionar el cariotipo XYY a la conducta criminal llegándose a esgrimir tal asociación como argumento por parte de la defensa de criminales en América. En 1976 un juez consideró que la evidencia médica disponible no establecía una relación causal entre la criminalidad y el cariotipo XYY.[15] Finalmente nuevas publicaciones descartaron tal relación causal y evidenciaron serios defectos metodológicos en los trabajos que la establecían. A partir de ahí el interés por una conexión entre el cariotipo y los rasgos conductuales, más allá de los síndromes claramente asociados a aberraciones cromosómicas como el Down, fue decayendo. Pero los viejos fantasmas retornan y si ahora ya nadie serio cree que dos cromosomas Y hagan criminal a un individuo se ve en cambio una potencial génesis de conducta agresiva, no en el cromosoma Y, sino en el X, en donde está el gen de una enzima conocida como monoaminooxidasa A. Según un artículo publicado en *Science*, un déficit de esta actividad enzimática en interacción con el maltrato infantil severo facilitaría una conducta agresiva en la edad adulta.[16] También preocupa saber qué «tiene» un niño con desorden de hiperactividad asociada a déficit de atención y se ha descrito una asociación estadística de este síndrome con los genes de los receptores D4 y D5 de dopamina, del transportador de dopamina, de la dopamina beta hidroxilasa, del transportador de serotonina, del receptor 1B de serotonina y de una proteína asociada a sinaptosomas (SNAP25).[17] Cualquier comportamiento patológico o exagerado es blanco de estudios genéticos y se ha descrito la implicación de una vía neuronal, la dopaminérgica, en la regulación de la agresividad y la violencia, hallándose una asociación entre algunas variantes del receptor D3 de la dopamina y la conducta impulsiva, sugiriendo los autores que tal polimorfismo genético puede estar involucrado en la manifestación de un comportamiento violento.[18] En suma, resultados interesantes en vías a saber quién puede llegar a ser un asesino. El Instituto de Criminología Australiano ha sido muy receptivo a todos los hallazgos que se están produciendo en lo que podría llamarse genética criminal y en una publicación se plantea ya un poco de orden clasificador de los descubrimientos relacionados.[19] Aunque se destaca la naturaleza poligénica relacionada con el comportamiento criminal y un escaso determinismo genético del mismo, el estudio muestra la necesidad de apertura a nuevos hallazgos que podrían tener implicaciones en terapias modificadoras de la personalidad y en la rehabilitación de criminales. La perspectiva de la prevención del crimen desde la manipulación genética flota en el aire.

Salud feliz y enfermedad culpable

En 1946, la Organización Mundial de la Salud (OMS) conceptualizó a la salud como «un completo estado de bienestar físico, mental y social y no meramente la ausencia de enfermedad o incapacidad». En 1978 se organizó en Alma-Atá por la OMS y la Organización Panamericana de Salud una conferencia internacional sobre atención primaria bajo el lema «salud para todos en el año 2000» utilizando el concepto anteriormente citado. Es evidente que, pasada ya esa fecha, no sólo no se ha alcanzado tal objetivo, sino que la situación para millones de personas dista mucho de ser mínimamente saludable. En el caso del tercer mundo, el hambre y las epidemias revelan una situación más propia de la Edad Media que del siglo XXI, pero incluso en los países más desarrollados ese concepto de salud ha demostrado su cortedad de miras. ¿Cuánta gente y durante cuánto tiempo puede considerarse con salud según el criterio de la OMS? Difícilmente puede englobar a la niñez, a la adolescencia, a la vejez, a los parados, a la mayoría de asalariados... El concepto, resaltando que no se trata sólo de ausencia de enfermedad, iguala de hecho la salud con la felicidad, casi en la línea de la Declaración de Independencia de los EE. UU. («Sostenemos como evidentes en sí mismas estas verdades: que todos los hombres son creados iguales; que son dotados por su Creador de ciertos derechos inalienables; que entre éstos están la vida, la libertad y la búsqueda de la felicidad»). La definición de la OMS aparentemente estaría alejada de la realidad pero no es así, ya que recoge una tendencia creciente consistente en «medicalizar» lo normal. Simplificando, si uno no se siente feliz es que algo falla en su organismo. La OMS ha auspiciado en la práctica una línea de medicalización progresiva de lo normal teniendo como meta una felicidad inalcanzable.

La enfermedad pasa a ser así, desde una perspectiva complementaria a la proporcionada por el avance científico, algo añadido al hombre y no consustancial a su naturaleza y por eso es algo evitable, de tal forma que, si acontece, alguien es culpable de ello, bien el enfermo, por no «mirarse» a tiempo o no llevar una vida «saludable», bien el médico que se ha equivocado, existiendo ya asociaciones contra los errores médicos y habiéndose publicado en la prestigiosa revista *British Medical Journal* que tales errores constituyen una causa importante de mortalidad, produciéndose como reacción la práctica de una Medicina cada vez más defensiva.[20] Paradójicamente, pues, frente al materialismo inherente a la Medicina moderna, renace el concepto de enfermedad como pecado.

La asociación enfermedad-culpa implica al lenguaje cotidiano, que suele diferenciar entre tener una enfermedad, o estar enfermo, y ser un enfermo. En líneas genéricas, ya que no hay fronteras definidas, se tienen por lo general enfermedades agudas: infarto, apendicitis, ictus, etc., y enfermedades que fueron o son aún mal conocidas, los llamados síndromes. Pero también se tienen enfermedades crónicas graves: Alzheimer, cáncer, cirrosis, lupus, etc. El «ser enfermo» va quedando relegado al padecimiento de enfermedades que no son mortales a corto o medio plazo pero acompañan a uno de por vida desde que son descubiertas: se es diabético, celíaco, alérgico, esquizofrénico. En líneas generales interesa más tener una enfermedad que ser un enfermo porque el tener va asociado al concepto de lucha posible contra algo sobrevenido, aunque esa lucha, esencialmente farmacológica, sea ineficaz en muchos casos. El propio mercado farmacéutico juega con esa diferencia sutil entre tener y ser: ya no se es impotente, sino que se tiene un síndrome de disfunción eréctil tratable. Ya no hay niños vagos y desobedientes sino niños que tienen un déficit de atención tratable. Tener un cáncer hoy tiene una connotación diferente a ser un tuberculoso hace un siglo pues el cáncer es tratable aunque ese tratamiento muchas veces sea inútil. Tener una enfermedad permite luchar contra ella con todos los recursos que ofrecen los especialistas y el mercado farmacéutico e incluso se le insta al propio paciente a que él también luche contra su enfermedad, como si pudiera hacerlo (al margen de que existen datos que avalan la influencia de lo psíquico en el sistema inmunitario). Ser un enfermo es ya ser distinto. Esa diferencia se relaciona frecuentemente con la estigmatización: uno es alcohólico, drogadicto, psicótico (aunque haya tenido un brote ocasional), autista o VIH positivo, aunque uno no se reconozca a sí mismo bajo ninguna de esas etiquetas, y a la vez puede «explicar» una muerte prematura («era diabético, asmático, nefrópata…»). Son los otros los que le dan el ser de enfermo a quien ven claramente alejado de la norma de salud. Tal vez ese juego de responsabilidad con la propia salud se ejemplifique con algunos de los llamados factores de riesgo. Tener sobrepeso, azúcar, colesterol, tensión, no es lo mismo que llegar a ser obeso, diabético, hipertenso. El trasplante supone la contradicción entre estas dos perspectivas: quien llega a ser enfermo, cirrótico por ejemplo, en algunos casos por no haber tenido a tiempo una atención médica global y personalizada, pasa a tener una enfermedad susceptible de curación si recibe un órgano que suple al que ya no funciona. Se ve el trasplante como la gran solución, pero se olvida que en general es un remedio a un fracaso previo.

La perspectiva cientificista en Medicina

La ontologización de la enfermedad y un pensamiento ingenuo que reduce al sujeto a un fenotipo medible en escalas normativizadas (antropométricas, analíticas, de imagen o psicométricas) del que son responsables principales sus genes pero también sus hábitos saludables va mucho más allá de la mera reducción metodológica incurriendo en una visión reduccionista del paciente. Una pseudoeducación sanitaria inunda los medios de información metiendo el miedo en el cuerpo a la gente, facilitando que se acuda al médico más con finalidad preventiva que curativa. A la vez, la salud percibida como derecho a la felicidad genera una demanda sanitaria creciente y una medicalización obsesiva de lo normal.

El médico, por su parte, asume de forma progresiva la función de un técnico, cuando no de mero intermediario entre el mercado de tecnología diagnóstica y el mercado farmacéutico. Los sistemas expertos cobran cada día mayor relevancia y se ve como un avance la cirugía robotizada. Por todo ello, no es descartable que los robots y los sistemas expertos acaben sustituyendo totalmente al médico-técnico. El cientificismo médico facilita paradójicamente que caminemos hacia una sociedad de enfermos en la que los médicos no serán ya necesarios.

El dilema «nature versus nurture» tiene ya su solución cientificista, lo que no es novedoso, pues ya hace un siglo se defendía la preponderancia de la constitución heredada sobre cualquier influencia cultural. Tal solución no es sino la dotación genética de cada cual. Si uno es guapo, inteligente, simpático o criminal, será porque sus genes así lo impongan. Lo que ocurre ahora, a diferencia de lo que pasaba hace cien años, es que ya no sólo es posible eliminar lo malo mediante procesos de esterilización o abortos, abriendo incluso el abanico de lo que se entiende por «malo», sino que también se da la perspectiva de mejorar lo bueno mediante la manipulación genética. Se abre la posibilidad de una eugenesia activa que perseguirá mejorar lo inicialmente dado por la Naturaleza, una mejora radicalmente diferente a la permitida ahora por la Cirugía estética y por la farmacología. Si no hace mucho se oía a muchos padres desear «que mis hijos tengan lo que yo no tuve» refiriéndose generalmente a cosas pero también a oportunidades, pronto se argumentará «que mis hijos tengan los genes que yo no tuve».

En búsqueda del alma

El planteamiento cientificista implica que todo lo que nos hace humanos tiene que ser susceptible de medida. Si alguien destaca por su genialidad artística o científica, algo de su anatomía o de su bioquímica debe manifestarlo. Ese postulado fue seguido a pie juntillas en el caso de Einstein. Cuando murió, en 1955, el patólogo Thomas Harvey le extrajo el cerebro, lo fijó con formol y, tras fotografiarlo y medirlo, lo fragmentó para un estudio posterior. Mucho más tarde, la prestigiosa revista médica *The Lancet* publicaba un artículo titulado «El excepcional cerebro de Einstein»,[21] a partir de los datos macroscópicos obtenidos por Harvey. En él los autores mostraban la existencia de una anomalía en la cisura de Silvio con ausencia de opérculo lateral, una malformación que, de hallarse en un cerebro fetal, sugeriría un planteamiento sobre la oportunidad de un aborto según Oliver Robin, antiguo director de investigación del INSERM.[22] ¿Por qué *The Lancet* aceptó publicar, aunque fuera en su sección de Historia Médica, un artículo de metodología decimonónica, en el que además un solo caso se comparaba con un conjunto? Tal vez la respuesta esté en la vieja intención frenológica, aun subsistente. Y es que la pasión por coleccionar cerebros de personas célebres no ha decaído. De seguir las sugerencias de Witelson, uno de los autores de ese trabajo, volveríamos a asistir a una oleada de donaciones de cerebros postmortem en el loable intento de buscar la base anatómica del alma.

Actualmente, sin embargo, no se busca el alma en cerebros muertos sino más bien en los de personas vivas sometidas a distintas tareas o sufriendo diferentes condiciones patológicas (traumatismos y enfermedades neurológicas). Para ello se utilizan diversos métodos, desde el registro de actividades neuronales en personas con secuelas de accidentes cerebrales o con ocasión de intervenciones quirúrgicas, hasta estudios de masa mediante las diferentes técnicas electroencefalográficas, magnetoencefalográficas y, sobre todo, de imagen. Los datos obtenidos se relacionan con los procedentes de la investigación animal en donde la neurobiología ha conseguido grandes avances, siendo uno de los ejemplos más claros los trabajos que permitieron elucidar el mecanismo cerebral de la percepción visual y por los que David H. Hubel y Torsten N. Wiesel recibieron el premio Nobel en 1981.

Lo que ha revolucionado en mayor grado la neurobiología humana ha sido la obtención de imágenes funcionales, mediante la utilización de dos técnicas: la tomografía de emisión de positrones (TEP) y la resonancia magnética nuclear funcional (fMRI), siendo ésta la que un mayor avance ha permitido en el estudio neurofisiológico, estimándose que actualmente se publican unos ocho artículos científicos cada día relacionados con su uso. Ambas técnicas se basan en última instancia en medir, aunque de forma diferente, las variaciones de flujo sanguíneo en alguna región, interpretando que tales variaciones se relacionan directamente con la actividad neuronal. Son técnicas de masa: el metabolismo y el flujo acompañante en una zona guardan una relación con el número de neuronas activas en la misma, por lo que las actividades ligadas a neuronas dispersas pueden ser menos reconocibles. Se estima que un voxel (volumen unitario reconocible por fMRI) de un tamaño de 55 microlitros contiene cinco millones y medio de neuronas, entre 2,2 y $5{,}5 \times 10^{10}$ sinapsis, un número de dendritas que alineadas alcanzarían 22 km y un número de axones cuya longitud sumaría unos 220 km. Por esta razón son poco realistas las analogías directas entre las actividades neuronales registradas en experimentación animal y la señal fMRI que, por otra parte, no puede diferenciar entre procesos específicos de función y neuromodulación ni entre señales que viajen en distintos sentidos pudiendo también confundir excitación e inhibición neuronales.[23] No obstante, la fMRI se ha convertido en una técnica muy poderosa para hacer estudios de neurofisiología humana aplicables a la Psicología y la Medicina. Una de sus obvias ventajas con respecto a otros métodos de estudio reside en su carácter no invasivo y no lesivo, ya que no se basa en el uso de radiaciones ionizantes y parece descartado un efecto nocivo de campos magnéticos intensos.

La fMRI es un ejemplo muy ilustrativo de cómo una técnica poderosa en investigación científica puede ser utilizada en apoyo de un cientificismo basado en una perspectiva ingenua del ser humano que está facilitando un retorno al ideal frenológico de forma que, olvidando las propias restricciones metodológicas inherentes a ésta y otras técnicas de imagen cerebral, se confunde con demasiada facilidad un correlato de imagen con una explicación causal. Abundan los ejemplos de estudios pintorescos llevados a cabo con estos métodos para descubrir qué partes del cerebro nos hacen buenos o malos, o que nos decantemos por una opción política.[24] Mario Bauregard y Vincent Paquette hicieron un estudio de fMRI sobre la experiencia mística. Para ello lograron la colaboración de quince monjas carmelitas a las que les pidieron que recordaran la experiencia mística más intensa que tuvieran (hubo que conformarse con ese recuerdo ya que las carmelitas dijeron que Dios no puede ser convocado a voluntad). Hallaron que el recuerdo místico se asociaba a la activación de zonas del cortex órbito-frontal, del temporal, de los lóbulos parietales, del córtex visual extraestriado, del córtex cingulado anterior izquierdo, y de la parte izquierda de la ínsula, núcleo caudado y tronco cerebral.[25] De este estudio parece concluirse que el cerebro de las monjas está muy ocupado con Dios, incluso sin una experiencia mística en tiempo real. Si los estados anímicos más elevados pueden reconocerse por fMRI, es lógico que, en el extremo opuesto, esta técnica pueda prevenir el crimen reconociendo al criminal en potencia. La frenología supuso en cierto modo que la cara era el espejo del alma y tuvo su impronta en una criminalística trasnochada. Pero ahora se cree poder ver no ya el espejo del alma sino el alma misma mediante las modernas técnicas de imagen. Robert Hare había publicado en 1980 la primera versión de un test de psicopatía llamado PCL-R (Psychopaty Check List Revised). Un colaborador suyo, Kent Kiehl, publicó en 2001 el primer estudio de fMRI hecho en psicópatas[26] y en 2006 defendió una relación de la psicopatía con alteraciones en el sistema paralímbico.[27] Dicho estudio se pudo realizar en cárceles mediante el uso de un scanner fMRI móvil. Actualmente Kiehl dispone de un modelo transportable en un camión de 15 metros de largo y con un precio de unos 2,3 millones de dólares con el que pretende estudiar mil presos de Nuevo México en un año.[28]

Be Happy !!

El simplismo cientificista basado en la reducción de lo que no es reducible, tiene dos serias consecuencias en Psicología. Por una parte, un enfoque puramente conductista del comportamiento humano. Por otra, reducir todas las emociones del sujeto a cambios de concentración de determinados neurotransmisores.

En un enfoque conductista ingenuo, triunfa una corriente iniciada por Martin Seligman, que preside el Centro de Psicología Positiva de la Universidad de Pensilvania, dedicado al el estudio científico de las fuerzas y virtudes que capacitan a los individuos y comunidades a prosperar. Indica que la Psicología Positiva se funda en que la gente quiere llevar vidas satisfactorias y con significado, cultivar lo mejor de sí mismos y fomentar sus experiencias de amor, trabajo y juego. En la página del propio Seligman[29] se tiene acceso a la realización de sus tests de felicidad y al remedio para puntuaciones bajas, ofrecido a través de la lectura de sus edificantes libros. El caso es que la concepción «positiva» ha calado en el lenguaje diario: no sólo hay que favorecer las energías positivas (como si las hubiera), sino que hay que «pensar en positivo», se dice. Uno ya no es culpable de caer en tentaciones felicitarias, sino, por el contrario, de no ser feliz y autoestimado. Prestigiados psicólogos y psiquiatras de nuestro país han contribuido a difundir en libros de autoayuda métodos de pensamiento positivo, con los que podemos alcanzar la necesaria felicidad. Estos psicólogos y psiquiatras «positivos» asumen que en buena medida su especialidad ya ha cubierto bastante bien la enfermedad, lo negativo, y es hora de mejorar la condición de los sanos para hacerlos felices. Pero tan falaz es pensar en esa felicidad ingenua como asumir que lo más contrario a ella, la depresión, es un problema resuelto.

En el caso de la depresión el cientificismo imperante asume dos postulados: uno es que se conoce la fisiopatología de la depresión y otro es que se sabe cómo tratarla. Pero no hay base científica suficiente para ninguno de los dos. Se asume generalmente que la depresión obedece a un déficit de neurotransmisores (monoaminas) en las hendiduras sinápticas (lugares de comunicación interneuronal) de determinadas regiones cerebrales. Pero esa es una conclusión cuya base esencial reside en el efecto conocido de los antidepresivos mayoritarios. No hay mucho más. Sólo algunos experimentos en modelo experimental (ratones nadando), mediciones de metabolitos en cadáveres y algunas observaciones de neuroimagen. Pero de todo lo observado y experimentado hasta ahora, la hipótesis de la depresión causada por un déficit de monoaminas sigue siendo eso: una hipótesis. Tampoco otras, como la basada en una hiperactivación del eje hipotalámico-hipofisario en respuesta al stress (casos de maltrato infantil, por ejemplo) o la implicación de otros mediadores tienen de momento suficiente fuerza.[30] Incluso se ha pensado en la posibilidad de una etiología vírica.[31] Sólo desde hace pocos años se está profundizando en el conocimiento de la posible importancia de mecanismos básicos «río abajo»: transducción de señal, factores de crecimiento (BDNF), etc. El caso es que, a día de hoy, no se conoce ningún mecanismo bioquímico que explique adecuadamente por qué una persona se hunde sin causa aparente en un cuadro de depresión mayor.

Los antidepresivos se desarrollaron a partir de observaciones iniciales que indicaban su efecto beneficioso en pacientes deprimidos. Se llevan manejando mucho tiempo y se aceptan dos inconvenientes asociados a su uso cuales son un tiempo de latencia importante para que empiece a reconocerse su efecto beneficioso y los efectos secundarios que comportan, a veces graves. Por esta última razón, la síntesis de nuevos antidepresivos, basados en inhibir selectivamente la recaptación de serotonina, como el popular Prozac, fue muy apreciada, ya que estos productos parecían tener la misma eficacia de los antidepresivos clásicos y muchos menos efectos secundarios. Nuevos antidepresivos, como los «duales» o el bupropion, que actúa sobre la dopamina, completaban un aparente gran arsenal terapéutico contra la depresión en sus diferentes formas y grados. Pero las cosas no parecen ir tan bien. Un meta-análisis reciente mostró que la diferencia, estadísticamente significativa, entre un placebo (sólo excipiente sin principio activo) y los antidepresivos más «populares», los inhibidores de recaptación de serotonina, fue clínicamente despreciable y sólo reconocible en casos de depresión severa y no tanto por una mayor eficacia del antidepresivo cuanto por un menor efecto del placebo.[32] Quizá la crítica más seria hecha a esta publicación resida en que los autores han hecho su estudio durante un tiempo inferior a seis semanas, ya que se aduce que el tiempo de latencia de los antidepresivos podría suponer diferencias clínicas con placebo más manifiestas a largo plazo, pero aun así sería muy discutible la eficacia de un fármaco que tarda más de mes y medio en mostrar su efecto. El problema no se ciñe sólo a los antidepresivos más novedosos, sino que también se ha dado con los tricíclicos clásicos, como la imipramina.[33]

En ausencia de explicación bioquímica necesaria y suficiente y con tan pobre arsenal terapéutico, persistir en no ver en la depresión más allá de un trastorno neuroquímico a corregir haciendo que aumente la serotonina o cualquier otro neurotransmisor, equivale a interpretar uno de los más angustiosos dramas humanos, letal en una fracción importante de casos, de una forma ingenua y a la vez dañina. Quizá sea en la depresión en donde el frío enfoque cientificista revele mejor su visión anticientífica del ser humano, de su sufrimiento y del absurdo existencial en el que la persona se puede llegar a instalar.

En pareja

La reducción cientificista de lo humano no podía obviar la relación de pareja, que se ha hecho también objeto de análisis pretendidamente científico. Para ello sólo hay una vía, que es la que se ha tomado: un biologicismo extremo acompañado de una psicometría ingenua. Ignorando lo biográfico y atendiendo sólo a lo biológico, una relación de pareja heterosexual (es difícil explicar la homosexualidad desde un punto de vista biologicista, darwiniano) tiene una finalidad: reproducirse. El ser humano, por su fragilidad, necesita, en comparación con los demás mamíferos, ser adecuadamente cuidado en su infancia, un cuidado en el que es importante la estabilidad de la unión de los padres de tal forma que la provisión de recursos acompañe a las funciones nutricias y de afecto que el niño precisa en su desarrollo. La finalidad reproductora implica así tres elementos: la formación de pareja, su unión sexual fecunda y su mantenimiento al menos durante un período suficiente para que tenga lugar la crianza básica de los hijos.

Eduardo Punset en su libro *Cara a cara con la vida, la mente y el universo*[34] recoge las explicaciones del «biopsicólogo» Víctor Johnston, que trabaja en la Universidad de Nuevo México sobre la elección de pareja: «A los hombres les gustan las caras que muestran niveles bajos de testosterona»... «creemos que es importante que las mujeres puedan ver el sistema inmunológico de los hombres»... «La simetría es un indicador del sistema inmunológico muy sensible en todas las especies». Otros autores hacen similares extrapolaciones gratuitas centradas en el sistema inmunológico como núcleo determinante de la elección de pareja. El grupo de Craig Roberts, por ejemplo, mostró en un estudio que a las mujeres les resultaban más atractivas las fotos de hombres que eran homocigotos (los mismos genes heredados del padre y de la madre) en la región del complejo principal de histocompatibilidad (MHC), muy importante en inmunidad.[35] Con bases impresionantemente débiles, éstos y otros autores intentan «demostrar» una búsqueda por parte de las mujeres de unas características inmunológicas masculinas a partir de rasgos como la simetría,[36] pero también hay quienes consideran que no son los ojos, sino las narices femeninas las perceptoras de esa bondad inmunológica en quien las corteja y, por ejemplo, el grupo de Wedekind vio que los jerseys llevados continuadamente durante un par de semanas por hombres tenían un olor más intenso cuando ellos eran homocigotos MHC.[37] El caso es que podrían existir ligandos peptídicos naturales de unión a regiones MHC de la pareja, de modo que la diversidad genotípica MHC podría reconocerse como cualidad quimiosensorial.[38] De confirmarse tan interesantes hallazgos, cabría la posibilidad de que los fabricantes de perfumes, en rica interacción investigadora con genetistas e inmunólogos, lograsen engañar la percepción inmunológica femenina a favor del consumidor de un perfume determinado.

Aunque instintivamente buscáramos una competencia inmunológica en la pareja, los seres humanos expresan como propio el sentimiento de enamorarse, un sentimiento que hasta hace poco era tenido como algo casi inefable. Sin embargo, algo tan romántico se debería sólo a que, por alguna razón biológica, se activan regiones subcorticales de recompensa ricas en dopamina[39, 40] a la vez que bajan los niveles de serotonina,[41] como ha mostrado Helen Fisher mediante fMRI. La poesía y, en general, toda la narrativa centrada en las vicisitudes del amor humano quedarán felizmente desterradas por la ingesta de los fármacos adecuados para modular la pasión cuando se disponga de ellos. Tal es la perspectiva con la que se invierten fondos en investigaciones absurdas.

Ocurre que no basta con enamorarse. Con frecuencia sucede que muchos enamorados dejan de serlo y dan al traste con lo que se creía una relación de pareja estable. Si el enamoramiento reside en la tasa de dopamina cerebral, ¿a qué se debe la ruptura? Nada mejor que recurrir a un modelo animal y extrapolar para saberlo. Los topillos de las praderas son monógamos[42] a diferencia de una especie relacionada que vive en lugares más altos, cuyos machos son promiscuos. Se observó que en estos topillos de pradera la infusión de oxitocina y vasopresina en el cerebro facilita la relación monógama incluso cuando se impide el apareamiento y, como era de esperar, bloqueando los receptores para esas moléculas se perturba tan feliz monogamia. En cambio, poco importa inyectar oxitocina y vasopresina a los topillos de montaña; siguen siendo promiscuos porque les falta el receptor adecuado pero basta con inducirlo mediante la introducción del gen correspondiente para hacerlos monógamos.[43] El hombre tiene regiones genéticas similares a las del topillo en la zona relacionada con el receptor de vasopresina. Si la monogamia está asociada a dicho receptor, ¿por qué no estudiar su relación con la infidelidad de pareja? Eso es lo que ha hecho un grupo formado por autores de entidades tan prestigiosas como el Instituto Karolinska y diversas universidades americanas. Su estudio consistió esencialmente en un análisis genético de una región polimórfica asociada al receptor de la vasopresina (AVPR1A) en 552 pares de gemelos y sus respectivas esposas o parejas estables a las que se les proporcionó un cuestionario destinado a medir la calidad de la estabilidad de su relación mediante una escala psicométrica diseñada al efecto, conocida como Partner Bonding Scale (PBS). Se encontró una relación significativa entre una de las variantes del receptor en hombres y la calidad de la relación marital tal como se percibía por sus parejas. Los autores concluyen que «hemos proporcionado apoyo a la suposición de estudios previos de que la influencia del gen codificador del receptor de la arginina-vasopresina sobre la unión de pareja en topillos es probablemente relevante también para humanos».[44] Surge una reflexión más allá de la pobre conclusión final del trabajo. ¿Por qué buscar un gen facilitador de la monogamia en seres humanos o, dicho de otra forma, un gen de la infidelidad? ¿Por qué se hace para ello un trabajo costoso (incluyendo a un número elevado de personas) por parte de autores pertenecientes a centros prestigiados y por qué es acogido en una revista tan celebrada como el *Proceedings of the National Academy of Sciences* (*PNAS*)? Sólo cabe una respuesta: se ha buscado en un contexto favorable (que incluye la receptividad de la revista) una respuesta que ya se daba como postulado apriorístico y es que incluso algo tan complejo como la estabilidad de una relación de pareja humana es reducible a una explicación biológica. Este trabajo es por ello quizá uno de los mejores ejemplos del cientificismo imperante, un cientificismo que reduce el comportamiento del ser humano, medido con una psicometría ingenua, a puro geneticismo y opera en consecuencia, en un ambiente que además va a ser receptivo a los resultados que se obtengan y que se esperan, como ha sido el caso, positivos. Un cientificismo acogedor, ejemplificado por la revista PNAS, acoge una publicación cientificista. Simplemente. Las posibles extrapolaciones son obvias; juicios por divorcios contarán probablemente a corto plazo con un informe genético forense que señale hasta qué punto una persona no ha hecho sino lo que le mandan sus genes.

Desde un planteamiento reduccionista que percibe el enamoramiento como búsqueda de genes adecuados para intercambiar, la homosexualidad no tiene sentido evolutivo alguno ya que no contribuye en nada a la reproducción. Esa falta de sentido y de explicación en el contexto cientificista hace ver en ella una enfermedad, en sintonía con la apreciación que muchas personas no relacionadas con la Ciencia también han tenido sobre esa forma de relación. Los homosexuales han sido mucho tiempo marginados e incluso perseguidos, pero poco a poco han ido teniendo una cohesión y fuerza como grupo llegando sus presiones a influir en la Asociación Americana de Psiquiatría que optó por excluir la homosexualidad de la lista de trastornos del DSM redactada por su Bureau en 1973.[45] Pero tal decisión no evitó la discusión sobre las alteraciones biológicas causales de la homosexualidad. Desde un punto de vista biologicista se la consideró como un error debido a un sustrato anatómico. La búsqueda cerebral de diferencias relacionadas con el sexo cobró impulso a finales de los años setenta, cuando el equipo de Roger A. Gorski descubrió que un grupo de células situadas en la región preóptica del hipotálamo de rata era mucho mayor en los machos que en las hembras. Laura S. Allen identificó en el laboratorio de Gorski cuatro posibles regiones candidatas en seres humanos homólogas de la región descubierta en ratas.[46] LeVay, estudiando autopsias de fallecidos por SIDA observó que el tamaño de una de esas regiones en varones duplicaba el medido en mujeres, pero también era dos o tres veces mayor en heterosexuales que en homosexuales, lo que sugería un dimorfismo relacionado con la orientación sexual del varón de magnitud similar a la que se daba con respecto al sexo biológico.[47] Los estudios morfológicos cerebrales no fueron concluyentes, dándose resultados discordantes entre los escasos trabajos dedicados a este campo. Pero la aproximación biologicista a la homosexualidad adoptó la perspectiva genética teniendo en cuenta una tendencia a la agrupación familiar. El grupo de Dean H. Hamer encontró una asociación de la homosexualidad con una región del cromosoma X pero en estudios posteriores del mismo equipo se vio debilitada tal asociación[48,49] observando en cambio una relación más fuerte con regiones de los cromosomas 7, 8 y 10.[50] Otros autores, Zhang y Odenwald, pudieron inducir un comportamiento de cortejo homosexual en moscas Drosophila mediante manipulación genética.[51] La única conclusión práctica que se puede obtener hasta el momento actual es que, de existir un determinismo hereditario de la homosexualidad, sería débil y poligénico. Pero periódicamente resurge este interés biologicista y un grupo italiano sugiere que la homosexualidad es un efecto secundario a una mayor fecundidad en las madres de homosexuales, por lo que un comportamiento aparentemente propicio a su eliminación por selección natural sería mantenido.[52]

Genes, imágenes y creencias

Cualquier discurso sobre Dios excede al ámbito científico. Otra cuestión es si la creencia en Él es abordable científicamente y esto tiene su importancia en una época en la que conviven una apatía religiosa y fundamentalismos diversos. Parece que la creencia de una persona en algo entraría en el ámbito de la Psicología, pero curiosamente no suelen ser psicólogos quienes se dedican en la actualidad a discutir la naturaleza de la fe religiosa, sino más bien biólogos o físicos, incurriendo en dos formas de cientificismo, combinadas en ocasiones. Una de ellas reside en pontificar sobre la existencia o inexistencia de Dios o sobre cualquier enigma metafísico desde el prestigio en un campo científico. Los grandes científicos divulgadores no sólo difunden Ciencia, sino también su creencia, dando a entender que ambas están relacionadas. En la introducción al célebre libro de Stephen Hawking *Historia del tiempo*, Carl Sagan decía: «Hawking intenta, como él mismo señala, comprender el pensamiento de Dios. Y esto hace que sea totalmente inesperada la conclusión de su esfuerzo, al menos hasta ahora: un universo sin un borde espacial, sin principio ni final en el tiempo, y sin un lugar para un Creador».[53] El propio Carl Sagan ya había postulado en su momento la existencia de una molécula (theophorin) aun no descubierta como responsable de la experiencia religiosa.[54] Frente a este planteamiento ateo se da también la postura cientificista contraria, afirmar a Dios desde la Ciencia, siendo un ejemplo muy claro al respecto Frank J Tipler con su libro *La Física de la Inmortalidad* [55] en donde, a la vez que presenta un modelo cosmológico (cerca de un 30% del contenido del libro es un conjunto de apéndices repletos de formulación matemática), lo interpreta teológicamente. Ya en la introducción indica que «sencillamente, la Teología debe pasar a ser una rama de la Física si es que desea sobrevivir». Asume una evolución del Universo que acabará en un «punto omega» que equipara a un Dios omnisciente y amoroso que nos resucitará a todos. Ese punto curiosamente depende de la evolución de la vida. Es decir, al margen del razonamiento físico, desde el punto de vista teológico, Tipler funde lo trascendente con lo contingente, suponiendo que la vida se extenderá por todo el Universo, que podrá en cierto modo modular la evolución final del mismo de forma que pueda escaparse a una muerte térmica o a un eterno retorno y que, al final, esa contingencia confluirá en algo que será Dios («En un Universo cerrado e impulsado por los mismos mecanismos de la supervivencia, la vida se encuentra forzada a converger sobre sí misma y a dar fin al tiempo en un Dios Punto Omega»). Es difícil tratar de leer seriamente el libro y no hacerlo como si se estuviera ante una mala novela de ciencia-ficción, ya que a lo largo de sus páginas, hay afirmaciones como ésta: «En realidad estoy proponiendo que se identifique la función de onda del Universo sujeta a la condición de contorno del Punto Omega, con el Espíritu Santo». Tipler puede explicar también un Dios trinitario, la resurrección de los muertos una vez que se alcance el punto omega y muchas otras cosas de la teología cristiana tradicional. El libro de Tipler es importante porque pone de relieve hasta qué punto un físico relevante puede incurrir en un cientificismo pueril mediante una mezcla caótica de argumentos tomistas, de la visión de Teilhard de Chardin y del principio antrópico fuerte (el Universo es como es para que observadores como nosotros podamos existir y comprenderlo) revestidos de un lenguaje matemático superfluo. Habla de predicciones comprobables, pero lo comprobable en aceleradores de partículas tiene que ver sólo con esas partículas y sus implicaciones teóricas en modelos cosmológicos. Negando o afirmando, Hawking, Sagan o Tipler dan un salto en el vacío desde el conocimiento científico hasta una creencia personal muy pobre.

Otra forma de cientificismo se basa en un reduccionismo epistemológico por el que la Psicología pasa a ser explicada desde la Neurobiología o, incluso más lejos, desde la Genética. Se ha descrito, por ejemplo, la asociación entre ataques epilépticos en el lóbulo temporal con diferentes formas de experiencia religiosa en un pequeño porcentaje de pacientes.[56] Hay autores que persiguen hallar correlatos entre la experiencia de Dios e imágenes funcionales del cerebro, como se comentó anteriormente en el caso de la experiencia mística en monjas. Pero más allá de las imágenes, un investigador, Dean Hammer, ha publicado el libro *El gen de Dios* en el que muestra la importancia del gen VMAT2 para explicar la creencia religiosa.[57] La publicación de tales hallazgos en libros, eliminando el criterio de revisión por pares propio de las revistas científicas, facilita la difusión cientificista de algo que no tiene nada que ver con la Ciencia. Carl Zimmer es un magnífico ensayista centrado en la divulgación de la teoría evolutiva. Ha recibido diversos premios por su trabajo, entre los que está el National Academies Science Communication Award de 2007. Colabora con la revista *Scientific American* y en ella ha hecho una crítica al libro de Hammer, en la que concluye que su contenido se ajustaría mejor al siguiente título: «Un gen que da cuenta de menos de un uno por ciento de la varianza encontrada en registros de cuestionarios psicológicos diseñados para medir un factor llamado auto-trascendencia, que puede significar todo, desde pertenecer al partido verde hasta creer en experiencias paranormales, según un estudio no publicado y no replicado».[58] Para Dawkins el reduccionismo biológico no acaba en los genes sino que abarca también a constructos de nuestros cerebros a los que él llama «memes». Un meme sería una unidad de transmisión cultural o de imitación, por ejemplo las melodías, ideas, formas de vestir, de construir, etc. Es decir, todo lo que nos define como propiamente humanos. Para Dawkins los memes son estructuras vivas que nos parasitan, compitiendo entre ellos por ocupar tiempo de máquina cerebral. Replicándose por imitación, su valor depende de su longevidad (una capacidad artística tendría una longevidad inferior a la duración de una vida), su fecundidad (una teoría científica se extendería a muchos cerebros y varias generaciones) y su fidelidad de copia (las teorías científicas son mejorables o descartables por otras mejores). ¿Y qué mejor meme que la religión? Según una admiradora de Dawkins, Susan Blackmore, de todas las miríadas de cultos con líderes carismáticos que han surgido a lo largo de la Historia, sólo unos pocos tuvieron las características «meméticas» necesarias para sobrevivir..[59] Dios es así reducido a un parásito cerebral y el hombre lo es a mera corporeidad parasitada.

Hay mucha gente que reza. De la oración, como de Dios, puede tenerse un concepto tan ingenuo como el que circula en Internet preguntando por qué no cura a los amputados si es omnipotente. Si se cree en Dios, la oración supone una relación con Él y eso abarca un amplio abanico de contenidos, desde ponerse simplemente en sus manos, como sugiere el padrenuestro, a pedir una intervención divina en cuestiones muy concretas como puede ser una curación para uno o para otros. En 2006, el *American Heart Journal* publicó un estudio multicéntrico, firmado por dieciséis autores, sobre los efectos de la oración intercesora en pacientes sometidos a by-pass cardíaco.[60] Ese es quizá uno de los mejores ejemplos recientes de la íntima relación entre el cientificismo y la pseudociencia. Aparentemente aséptico, el estudio parte de una visión infantil de Dios: la de alguien que hace milagros a demanda. Los resultados del estudio mostraron que hubo más complicaciones en quienes sabían que se estaba rezando por ellos. Se concluye del estudio que es mejor no rezar por nadie.

La Ciencia se produce en un contexto cultural determinado y éste ha sido en general el de la cultura judeocristiana. Aunque se invoque reiteradamente el caso Galileo como ejemplo de tensión entre fe y razón, lo cierto es que la Ciencia y la Religión siempre han tenido una relación bastante aceptable… hasta Darwin. No hubo en general mayor problema cuando el conocimiento científico parecía iluminar lo que ya se presuponía desde la educación bíblica infantil. Así, la teoría del Big Bang, firmemente establecida a partir de observaciones rigurosas, no parece contradecir la imagen bíblica del momento creador inicial. Pero los reductos de discusión entre Ciencia y Religión ya no surgen del Cosmos, sino de la Teoría de la Evolución. Los avances de la Genética refinaron en términos moleculares la teoría darwiniana, dando lugar al neodarwinismo actual en cuyo contexto la contingencia opera en un doble sentido: sobre la variabilidad existente en las dotaciones genéticas individuales (mutaciones y recombinación meiótica) y sobre las condiciones ambientales selectivas. Desde las implicaciones microevolutivas más obvias (resistencia de bacterias a antibióticos o de células neoplásicas a citostáticos y maduración de respuestas inmunes) hasta los problemas de mayor alcance, como la evolución de especies pluricelulares o el propio origen de la vida en este planeta, la Teoría de la Evolución es la construcción científica más coherente para dar cuenta de lo biológico observable, registro fósil incluido. Se entiende que el Big Bang sea fácilmente asimilado a una concepción religiosa creacionista, pero el choque entre la teoría de la evolución y la concepción judeocristiana de la aparición del hombre, también creacionista, es ya mucho más radical que el impacto de las concepciones cosmológicas modernas. Afirmando peyorativamente que la evolución era «sólo» una teoría, el creacionismo se enseñó en términos de igualdad con la teoría evolutiva en escuelas americanas. En California surgió en 1963 la Creation Research Society, la mayoría de cuyos miembros poseían un doctorado en ciencias, lo que avala el hecho de que un científico puede ser muy bien a la vez cientificista y pseudocientífico. En 1977 contaba con 500 miembros. En 2007 el Institute for Creation Research lanzó el *International Journal for Creation Research* que, diciendo seguir el habitual proceso de revisión por pares habitual en las publicaciones científicas, se dedicará a proporcionar datos de apoyo a teorías como el modelo de Tierra joven o el diluvio universal.[61]

El creacionismo, a pesar de su influencia política, es demasiado pobre como para resistir el menor ataque científico y eso le ha inducido a revestirse del lenguaje y del aval de científicos, algunos prestigiosos en su campo, convirtiéndose en Teoría del Diseño Inteligente. Su base es antigua: el reverendo William Paley, coetáneo de Darwin adujo el ejemplo de que la existencia de un reloj hacía inferir la del relojero. Análogamente, la existencia de la vida, del hombre, en toda su complejidad y belleza, hablan de un Creador. El propio título de uno de los libros de Dawkins, «El relojero ciego», expresa una refutación moderna de esa necesidad de creador para explicar la vida y su evolución. Pero ahora resurge con fuerza el viejo argumento utilizando terminología científica. En 1990 fue fundado el Discovery Institute, con base en Seattle.[62] A él pertenece William A. Dembski, matemático y filósofo, autor de varias obras, una de las cuales se llama *Diseño inteligente* ,[63] en la que parte de una expresión de Michael Behe, la «complejidad especificada», que define un sistema como irreduciblemente complejo si consta de varias partes relacionadas entre sí de tal modo que la eliminación de una de ellas destruye la función entera del sistema. Para Behe y Dembski, la complejidad irreducible es un indicador seguro de diseño. A lo largo de todo el libro da repetidamente un solo ejemplo de tal complejidad irreducible: el flagelo bacteriano. El texto tiene en cuenta las imperfecciones de su diseñador inteligente: «...Pero si concebimos la evolución como un proceso regresivo, como el reflejo de una estructura moral distorsionada que toma como punto de partida la rebelión humana contra el diseñador, entonces es posible pensar en un diseñador intachable que estuviese utilizando un proceso evolutivo muy imperfecto como medio para corregir los excesos de un universo pródigo y hacerlo volver a su sentido». La analogía con la expulsión del Edén es demasiado obvia. Haciendo cientificismo sucede que es fácil caer en pura pseudociencia y utilizar una forma de argumento Galileo: «...en muchos círculos cultivados el darwinismo y otras explicaciones mecanicistas de la evolución se han tornado abiertamente en un status quo»... «El diseño inteligente apela a la rebelión de los jóvenes».

Dios está más allá de la Ciencia y cada cual es libre de afirmarlo, negarlo o simplemente no plantearse la pregunta sobre su existencia. El saber científico de una persona puede facilitar tanto su ateísmo como su creencia, pero dar el salto de hacer de ello una cuestión científica es mera extrapolación cientificista. Las visiones cientificistas de Dios, en uno u otro sentido, no son modernas. Nikita Jrushchov dijo «Gagarin estuvo en el espacio, pero no vio a ningún Dios allí». John Glenn lo percibió de otra forma: «Mirar a este tipo de creación y no creer en Dios es para mí imposible». Teniendo en cuenta las dimensiones del Universo, parece ridículo que Dios se «localice» precisamente en órbita terrestre. Por otra parte, si se cree en Él tampoco se hace preciso entrar en órbita para reafirmar la fe.

Cuando desde el cientificismo se habla de Dios despreciando el discurso filosófico y religioso que se ha ido dando a lo largo de la Historia, se acaba manejando, para afirmarlo o negarlo, un concepto infantil antropomórfico.

La reducción cientificista del sujeto

Para una perspectiva cientificista de la realidad, sólo existe como verdad lo científico y sólo es científico lo que se puede medir, como expresó con claridad pragmática Lord Kelvin: «Digo con frecuencia que cuando puedes medir aquello de lo que hablas y expresarlo numéricamente, sabes algo sobre ello».[64] Lo que no es cuantificable no es científico, y lo que no es científico simplemente no existe. Como consecuencia, toda aproximación cientificista al sujeto implica necesariamente su medida.

Si todo lo que nos hace humanos es reducible a expresión de concentraciones cerebrales de determinadas moléculas, a imágenes funcionales, a valoraciones psicométricas, estamos caminando hacia el ideal sociobiológico de Wilson para quien «Los científicos y los humanistas deben reflexionar conjuntamente en la posibilidad de que ha llegado el momento en que la ética ha de ser retirada provisionalmente de las manos de los filósofos y ser biologizada».[65]

Es difícil saber hasta qué punto el uso de técnicas de imagen funcional y los estudios genéticos de asociación permitirán elucidar determinantes de la conducta, pero hay en esta perspectiva reduccionista un riesgo serio de eludir el auténtico problema de la libertad y la responsabilidad humanas y el papel que en su configuración tiene una educación que no esté marcada por el ideal conductista. El problema radica en la extrapolación injustificada. Ese es el riesgo cientificista: reducir la explicación de lo complejo al estado actual de su conocimiento científico en el sentido más positivista de la palabra, con las consecuencias derivadas en los aspectos éticos y jurídicos. No es improbable que pronto se esgriman en juicios imágenes fMRI y estudios genéticos que avalen un determinismo conductual y no es descartable un intento clasificador predictivo de potenciales psicópatas ya que Kiehl y otros investigadores consideran que una terapia cognitivo-conductual precoz puede prevenir futuros delitos, con lo que se cierra el círculo reduccionista: desde un conocimiento científico limitado se pasaría a un tratamiento basado en el único enfoque que se pretende científico: el conductista.

La perspectiva que se ofrece desde el cientificismo no está lejos de la visión reduccionista de Dawkins que nos ve como meros portadores de genes. Un perfil genético definirá en mayor o menor grado no sólo la probabilidad de enfermedades concretas, sino posibilidades futuras relacionadas con la inteligencia, con el comportamiento, con las creencias, con todo lo que nos hace humanos. Esa parece la gran esperanza científica: predecir todo lo humano y transformarlo según criterios de normalidad definidos desde la propia Ciencia. Se abre así un camino hacia un autoritarismo científico que dirá lo que es bueno, lo que es malo y no sólo lo que debemos hacer sino incluso cómo debemos ser desde la manipulación genética y conductista.

El reduccionismo del sujeto es esencialmente un reduccionismo genético, en el que las técnicas de imagen sólo dibujan mejor la dirección en la que hay que buscar los genes responsables de todo tipo de comportamientos. Sin embargo, incluso en el objetivo más claro del reduccionismo, la estructura informativa explicada en términos moleculares, la concepción simplista inicial que veía los genes como unidades discretas de información codificada en tripletes de bases de ADN se va haciendo cada vez menos realista a la luz de nuevos descubrimientos. Desde que se descubrió el código genético se sabía que existía redundancia en la codificación de distintos aminoácidos con más de un codón por aminoácido, aunque esa redundancia no alteraba la lectura de aminoácidos de una proteína a partir del gen codificador. Los problemas para el reduccionismo empezaron realmente con el descubrimiento de regiones no codificadoras dentro de los propios genes (intrones). La traducción de los trozos codificadores se da mediante un proceso de corte y empalme en el ARN (*splicing*) pero que no siempre ocurre de la misma forma, permitiendo que en la práctica un gen pueda codificar diferentes proteínas mediante splicing alternativo.[66] También se observó que en un gen, constituido por dos cadenas helicoides complementarias de ADN, la codificación podía variar tomando una u otra cadena como molde de transcripción a ARN. Pueden formarse también transcripciones de ARN procedentes de exones de diferentes genes separados entre sí por otros genes y se da también solapamiento a lo largo del genoma entre diferentes zonas codificadoras. Finalmente la expresión génica es un proceso regulado por proteínas que pueden ligarse al ADN en zonas próximas o muy lejanas al gen quc va a ser regulado. Esas proteínas son a su vez codificadas por otros genes. Pero además el material genético no es absolutamente inmutable. No sólo mutaciones aleatorias pueden modificarlo. Ha cobrado una importancia creciente una modificación estructural del ADN que no vendría codificada por él sino que estaría condicionada por su ambiente celular. Esta transformación llamada epigenética contribuye a complicar la visión que actualmente se tiene de lo que es un gen. Siendo así las cosas, y sin que probablemente se hayan agotado los mecanismos que pueden complicar aun la situación, el concepto de gen ha cambiado drásticamente desde una situación inicial en la que se conceptuaba como una secuencia inalterada de bases nucleotídicas. Aun cuando el término gen siga usándose para designar la información necesaria para una proteína, todos los elementos anteriores complican la visión del gen individualizado que no puede considerarse ya universalmente estática, volviendo por ello a ser pertinente la cuestión ¿qué es un gen? Stotz y Griffiths consideran que el término gen puede usarse en tres sentidos diferentes: el instrumental, que da cuenta de resultados experimentales que relacionan genotipo y fenotipo por medio de hibridación de individuos o de moléculas de ADN, el nominal o concepción compartida entre científicos en su lenguaje habitual sobre Genética, y el post-genómico por el que los genes son reconocidos por la forma en la que se usan realmente secuencias de ADN en un contexto celular determinado y no sólo por su propia estructura secuencial.[67, 68]

La reducción explicativa en Biología es limitada por la existencia de esa complejidad de interacciones a muy distintos niveles que se da en la regulación de la expresión genética. El reduccionismo de la explicación causal basada en el ADN sólo es aplicable, en la práctica, a enfermedades monogénicas concretas. De ahí a tratar de reducir el comportamiento humano a una secuencia genética va un abismo. Pero el problema del enfoque reduccionista no estriba en su visión limitada de lo real, sino en su capacidad de transformarlo. Sin saber bien cómo se regula un gen determinado ni que interacciones tiene con todos los demás, las técnicas disponibles permiten introducirlo sin más en un organismo. Sin saber bien por qué un gen concreto alterado conduce a una enfermedad, se le puede eliminar de un óvulo. Los transgénicos «funcionan» muchas veces desde el punto de vista para el que son creados, que es el comercial. Ante ese interés mercantil, lo demás no importa: ni su efecto potencial sobre la biodiversidad ni sus posibles efectos secundarios en la salud humana; basta con estudios de laboratorio para avalar su seguridad, sin poder hacer extrapolaciones de campo porque no hay forma hoy por hoy de que la Ecología sea una Ciencia en sentido fuerte, esto es, predictiva.

El problema esencial, no obstante, no reside sólo en las consecuencias impredecibles de la manipulación genética en el marco de un gran desconocimiento de lo que es una red dinámica de interacciones genéticas y epigenéticas. El gran problema deriva de contemplar al ser humano como la consecuencia de un manojo de genes. Si desde hace relativamente poco tiempo se podía saber si un embrión tenía una trisomía 21 y decidir un aborto, el número de genes que se pueden detectar en estado embrionario in utero e incluso en fase de pre-implantación es creciente. Siendo así, se expande el abanico de dilemas que pueden conducir a un aborto, en una gradación de trastornos que pueden ir desde enfermedades reconocibles ya al nacer, como el síndrome de Down hasta otras que lo serán mucho más tarde como el Huntington, pero también factores de riesgo cardiovascular, de Alzheimer, etc.

El estudio genético se está abaratando y popularizando progresivamente. Si ahora el fenotipo, constituido por la imagen que uno ofrece, por sus cualidades sociales, por su inteligencia, etc. es un criterio de selección para trabajos y formación de pareja, en breve es previsible que lo sea el genotipo. Si uno tiene un conjunto de genes malos, es muy probable que acabe siendo discriminado por compañías de seguros o en el mercado laboral. Las leyes pueden amparar el derecho a una «intimidad genética» (la administración Bush legisló en este sentido) o no hacerlo desde el argumento de que la sociedad no puede permitirse costear la proliferación de genes defectuosos. Si en el siglo XX se dio una fuerte tendencia eugenésica en EE. UU. que acabó siendo llevada a la práctica con el nazismo sin que se supiera nada entonces de genes, no hay que extrañarse mucho de que la tentación eugenésica resurja con fuerza y no sólo de forma negativa mediante abortos o esterilizaciones, sino también activamente eliminando los genes malos y mejorando los buenos. Si unos padres pueden costear una manipulación que permita que su hijo sea alto, fuerte, guapo e inteligente, ¿por qué no lo harán cuando sea posible?

4. Ciencia y mercado. El producto científico

La idea del científico puro cuya única finalidad es la búsqueda del conocimiento es tan romántica como trasnochada. Si bien han existido y existen grandes científicos que se ajustan a esa concepción, en general no es así y un científico es alguien que se dedica a la investigación de forma profesional, como un medio de ganarse la vida que, en algunos casos, es intelectualmente satisfactorio. La sociedad invierte en Ciencia porque espera obtener de ella una rentabilidad y por eso el producto científico es algo que puede considerarse vendible, bien en forma de patente con el beneficio económico que comporta, bien como incremento del conocimiento con el que un investigador puede justificar lo que se le paga y los medios de que dispone para su trabajo.

Patentes de vida

La diferencia entre descubrimiento e invención era muy clara hasta hace poco. Hay una obvia diferencia entre la invención del fonógrafo por Edison y el descubrimiento de las estrellas variables cefeidas por Hubble. El fonógrafo se diseñó pensando en una aplicación inmediata, utilizando lo ya sabido, y con un objetivo comercial. El descubrimiento de las cefeidas fue importante como tal y porque a partir de él pudieron calcularse mejor determinadas distancias astronómicas, pero careció de interés comercial alguno. En general el posible enriquecimiento personal siempre fue asociado a una invención, a lo Edison, y nunca a un descubrimiento aunque en algunos casos excepcionales éste implique un premio importante. Esa diferencia se acompañó siempre de la posibilidad de patentar inventos pero no descubrimientos, una diferencia que cristalizó en la legislación que se desarrolló en diversos países en materia de patentes. La Real Academia define la patente de invención como «documento en que oficialmente se le reconoce a alguien una invención y los derechos que de ella se derivan». Es decir, un gobierno o autoridad otorga al inventor el derecho de explotación de una idea o aplicación durante cierto tiempo. A la vez que se hace público el hallazgo, se concede a su autor un derecho temporal sobre los beneficios que suponga. En ese sentido, la patente facilita la difusión del conocimiento aplicado a la vez que induce a lograrlo a través del incentivo comercial posible. Para que algo sea patentable (generalmente un producto o un proceso para fabricarlo) debe reunir tres condiciones: novedad (no estar comprendido en el estado de la técnica), no obviedad (ser fruto del ingenio del inventor) y utilidad (ser susceptible de aplicación).

Aunque el desarrollo de patentes dependa de la aplicación del conocimiento científico y aunque muchos científicos pertenezcan a departamentos de Investigación, desarrollo e innovación (I+D+i) industriales, el descubrimiento científico en sí se ha considerado tradicionalmente como algo altruista. Lo descubierto pertenece a todo el mundo, aunque el investigador sea merecedor de un sueldo y de un reconocimiento por dedicarse a su tarea. Por eso a ningún físico se le ocurriría patentar una ecuación o una teoría y, en general, salvo alguna rara excepción, ningún investigador había pensado en patentar un descubrimiento. Pero eso está cambiando en un campo: la Biología

Nuestros genes no son nuestros

Es en la Biología en donde la diferencia entre invención y descubrimiento se está difuminando. Ya hace tiempo, en 1873, el descubrimiento de los gérmenes y, en concreto, la fermentación alcohólica supuso una aplicación práctica a la industria vinícola que facilitó la concesión a Pasteur de una patente por parte de la Oficina de Patentes Norteamericana por «una levadura libre de gérmenes de enfermedad como artículo de manufactura».[1] La levadura de Pasteur tenía una aplicación industrial y la patente asociada quedó como algo anecdótico en la Historia de la Biología, ya que nadie pensaba en patentar algo relacionado con la vida, ni siquiera los métodos para descubrir sus mecanismos químico-físicos. Basta recordar la innovación trascendental implícita en los métodos de secuenciación del ADN de Sanger y de Maxam-

Gilbert. A pesar de que reunían todas las características para ser patentables, ninguno de esos investigadores pensó en hacerlo.

Las palabras son importantes siempre. Probablemente el valor semántico tradicional de determinados términos sea muy influyente en cambios de concepción radicales. Uno de esos términos es «ingeniería», íntimamente asociado a «tecnología». El trazado de autopistas, la construcción de puentes o aviones y, en general, la transformación técnica del medio, se dirige por ingenieros. Tecnología, ingeniería y patentes son términos que se relacionan con frecuencia. En los años setenta se vio que unas cuantas enzimas (restrictasas y ligasas) permitían introducir unos segmentos de ADN en otros, en concreto, fragmentos de ADN obtenidos de grandes genomas, como los nuestros, en estructuras circulares de ADN (plásmidos) existentes en bacterias. Los plásmidos se reproducen con gran rapidez en su medio bacteriano y ello permitía generar las llamadas bibliotecas de plásmidos. Aunque las inserciones de fragmentos de ADN se hacían de forma aleatoria, el gran número de bacterias obtenidas en un cultivo permitía detectar las portadoras del plásmido con algún fragmento genético interesante por medio de sondas (ADN complementario) marcadas con un isótopo radiactivo. Esos métodos de ADN recombinante se utilizaron en un contexto en el que emergieron con fuerza las expresiones «ingeniería genética» y «biotecnología» y no es descartable que el propio uso de ambas asociado a lo viviente implicara como algo natural transferir al campo biológico las fuertes relaciones de la ingeniería con las patentes.

En cierto modo, aunque se trate de algo vivo, una bacteria transformada con un plásmido alterado, puede plantearse como una «construcción técnica» y así un científico de General Electric, Chakrabarty, consiguió transformar una bacteria del tipo pseudomona capacitándola para digerir petróleo, lo que suponía una aplicación potencial en el tratamiento de manchas por derramamiento de crudo, por lo que intentó patentar esa nueva bacteria. Tras una peripecia legal, la Corte Suprema de EE. UU. dio la razón a Chakrabarty en 1980, recogiéndose en la sentencia la alusión a que era intención del Congreso entender como materia patentable cualquier cosa bajo el sol hecha por el hombre («include anything under the sun that is made by man»).[2, 3] Siendo así las cosas, si una bacteria transformada es patentable, ¿por qué no habría de serlo un ratón? Técnicas de ADN recombinante más complejas que las utilizadas en bacterias, aunque conceptualmente muy relacionadas, dieron lugar a la generación de plantas y animales transgénicos en los que, además de su dotación genética, se había introducido un gen determinado. Una línea de investigación relacionada consistía, no en incorporar un nuevo gen, sino en eliminarlo, dando lugar a ratones llamados «knockout». El uso de transgénicos y knockouts fue y sigue siendo una metodología de gran utilidad en Genética Molecular. Aplicables a múltiples líneas de investigación biológica, en 1988 la Oficina de Patentes de EE. UU. concedió una patente a la Universidad de Harvard por «un mamífero no humano transgénico cuyas células germinales y somáticas contienen una secuencia de oncogenes activados que pueden recombinarse, que fue introducida en el animal…» Era el primer caso de ratón patentado, llamado «oncomouse» porque el material genético que le fue introducido lo hacía mucho más susceptible a sufrir cáncer y, por ello, un modelo experimental útil en investigación oncológica. Desde el punto de vista ético, el sufrimiento ocasionado al animal era superado, según la Oficina de Patentes Europea, por el potencial beneficio que su utilización tendría para la Medicina. Muy recientemente (2007) se concedió el premio Nobel de Medicina a Capecchi, Evans y Smithies «por su descubrimiento de los principios para introducir modificaciones genéticas específicas en ratones mediante el uso de células madre embrionarias». A finales de los años 80 habían «producido» el primer ratón knockout. La mayoría de métodos para generar ratones knockout están patentados.

La «ingeniería genética» dio lugar a patentes y, a partir de ahí, la visión comercial se amplió. Si lo modificado era patentable, ¿por qué no habría de serlo lo simplemente descubierto? En 1951, mucho antes de que se hablase de ingeniería genética o del ADN recombinante, se moría una mujer llamada Henrietta Lacks a consecuencia de cáncer de cuello uterino. De su tejido canceroso biopsiado, George Otto Gey[4] consiguió propagar células que se mostraron muy interesantes por su capacidad de reproducción indefinida mediante subcultivos repetidos, hasta el punto de que se siguen usando en la actualidad. Aunque no se llegaron a patentar, las células neoplásicas de la Sra. Lack, conocidas como HeLa, se comercializaron y se siguen vendiendo en la actualidad. Ni a la paciente ni a sus familiares se les pidió permiso alguno para la utilización de ese material biopsiado como fuente de células para cultivo. Nadie protestó. Pero sí que hubo reclamaciones por parte de un paciente llamado John Moore quien, en el curso de su tratamiento por leucemia en el UCLA Medical Center, sufrió una esplenectomía. A partir del bazo extraído, su médico, el Dr. Golde, desarrolló una línea cultivable de linfocitos T que fue posteriormente patentada (1984). La reclamación del paciente en el sentido de tener derecho a participar de los beneficios de esta patente fue desoída por la corte suprema de California por entender ésta que el paciente no fue inventor de la línea celular ni tenía derecho sobre el material celular obtenido en el proceso de su estudio y tratamiento.

El Dr. Matalon de Miami estaba intentando desarrollar un test diagnóstico precoz de una rara dolencia, la enfermedad de Canavan.[5] Una persona cuyos dos hijos sufrían esa enfermedad le proporcionó muestras de sangre y orina de ellos y de pacientes de otras familias afectadas. Otras asociaciones sin ánimo de lucro como la National Tay-Sachs and Allied Diseases Association proporcionaron fondos, crearon una base de datos de pacientes con enfermedad de Canavan, y suministraron muestras adicionales para el estudio del Dr. Matalon. Éste pudo finalmente desarrollar un método de diagnóstico prenatal y patentar el gen relacionado con la enfermedad. Con posterioridad, el Miami Hospital of Children al que pertenecía el Dr. Matalon notificó a los laboratorios que habían iniciado estudios genéticos de la enfermedad de Canavan que debían requerir la oportuna licencia para proseguir sus trabajos. La corte de Florida entendió en 2003 que el Dr. Matalon se benefició injustamente de los ingresos asociados a la patente, pero a la vez desestimó la demanda de las personas que le habían proporcionado muestras por considerar que un individuo no retiene derecho alguno sobre tejidos o sangre donados para investigación.[6] Determinadas células de pacientes son un material útil. La línea HeLa aun se sigue utilizando y los linfocitos T de leucemias raras son especialmente adecuados para estudios básicos. Ese material estaba ahí. Aunque procediera de pacientes, era un material desechable y los organismos competentes les dieron la razón a los investigadores que lo patentaron. La patente implica utilidad y aplicación pero, en contra de una línea tradicional que hacía de la invención otro elemento fundamental, en este caso la invención tenía un peso relativamente menor al usar lo ya dado por la naturaleza, aunque fuera con intención de aplicación novedosa. Siendo así, se abrían las puertas a patentar todo lo viviente. No sólo lo modificado genéticamente, sino los propios genes.

En contra de un amplio sector de opinión, muchos genes se han patentado. Un ejemplo concreto es el gen BRCA1, relacionado con formas familiares de cáncer de mama. La empresa Myriad Genetics consiguió una patente exclusiva para ese gen, para sus mutaciones y para todos los ensayos de laboratorio que permiten detectarlas, exigiendo que todos ellos se hicieran en sus laboratorios de Salt Lake City. Esa exclusividad impedía en la práctica explorar nuevas vías para la consecución de tests de detección más baratos. En mayo de 2004, las protestas iniciadas por el Instituto Curie y organizaciones como Greenpeace o la liga alemana contra el cáncer acabaron haciendo que once países europeos forzaran a la Oficina Europea de Patentes a revocar la del BRCA1.[7] Ese ejemplo muestra como una patente ab initio o «upstream» puede tener consecuencias muy negativas para el conocimiento sobre todo lo que se relaciona con ella. Pero se puede ir más atrás. El BRCA1 era un gen cuya implicación en el cáncer de mama era sabida. Pero no ocurrió así en el caso del gen CCR5,[8] patentado por Human Genome Sciences y del que sólo con posterioridad a la patente se demostró que estaba relacionado con la penetración del virus del SIDA dentro de las células. De forma análoga, la firma Incyte ha patentado fragmentos de secuencias relacionados con quinasas, unas enzimas implicadas en procesos de transducción de señal por los que la unión de una molécula a un receptor específico de membrana da lugar a una cascada de reacciones enzimáticas que acaban regulando la expresión de genes concretos.[9]

Todavía se puede ir más atrás en el afán por patentar. Un paso más allá del conocimiento de un gen o de la sospecha teórica de su posible función consiste en patentar secuencias de función desconocida. Eso ha ocurrido con las patentes de secuencias parciales de ADN obtenido a partir del ARN que resulta de la expresión genética. Tales secuencias, conocidas como ESTs (marcadores de secuencia expresada), sirven como herramienta de investigación aunque su significado funcional sea desconocido al principio. Patentarlas significa cubrir todo lo que tenga que ver con los genes relacionados, aunque no se sepa a priori nada sobre ellos, de tal forma que es posible una primacía del poseedor de la patente de algunas ESTs de función desconocida sobre científicos que descubran posteriormente una posible terapia a partir del estudio de fenómenos dependientes de los genes relacionados con ellas. Craig Venter, trabajando en el Instituto Nacional de la Salud de EE. UU., solicitó en 1991 patentes para 337 ESTs y en 1992 amplió su solicitud para 2700. La patente «upstream» cubre todas las potenciales patentes relacionadas a niveles inferiores o «downstream» y por ello puede evitarlas al bloquear un trabajo de investigación que requiere no sólo una, sino, en general, múltiples licencias relacionadas con todas las patentes «upstream» en lo que se ha venido en llamar tragedia de los «anticommons», una proliferación de derechos de propiedad intelectual fragmentarios y solapados,[10, 11] antítesis del conocimiento común tradicional que todos los científicos comparten libremente, y que llega a perturbar la práctica de análisis diagnósticos.[12] El caso es que prácticamente la mitad de los genes que se sabe que están relacionados con el cáncer están patentados. En 2005, 4.382 de los 23.668 genes almacenados en la base de datos del National Center for Biotechnology Information estaban asociados al menos a una patente. Sólo la compañía Incyte es propietaria de aproximadamente el 10% de los genes humanos.[13]

Los probables bloqueos a la investigación que podía suponer llevar lo patentable biológico al extremo de cubrir las ESTs y todo lo que ellas implicasen en el futuro forzaron un movimiento en contrario. La Organización del Genoma Humano (HUGO) instó a las oficinas de patentes en 1997 y en 2000 a rescindir decisiones que hubieran permitido patentar ESTs basándose sólo en su utilidad como meras sondas para detectar secuencias específicas. Asimismo HUGO también mantuvo que los polimorfismos mononucleotídicos (SNP), utilizados como marcadores potenciales, como regla no pueden cumplir el requerimiento de no obviedad necesario para expedir una patente. Una interesante reforma ha tenido lugar en Francia y Alemania que han optado, en el caso de secuencias humanas, por la llamada protección ligada a propósito, según la cual las patentes de ADN sólo se podrían conceder con respecto a un uso determinado. La directiva 8/44/CE del Parlamento Europeo y de la Comisión Europea relativa a la protección jurídica de las invenciones biotecnológicas descartó las patentes de secuencias de función desconocida que no vengan a solucionar ningún problema técnico (como les ocurría a las primeras ESTs), manteniendo que se pueden conceder patentes a genes de función conocida.[14]

Semillas de riqueza

Arun Gandhi, nieto del Mahatma Gandhi, recuerda reiteradamente la frase de éste: «debemos ser el cambio que deseamos ver en el mundo».[15] Monsanto Fund, una fundación filantrópica de una de las principales empresas de productos relacionados con la agricultura, incluyendo herbicidas y transgénicos, la recoge en su web como lema de actuación ligeramente modificada, «we must be the change we wish to make in this world» en vez de lo que parece que dijo Gandhi.[16] Hay un cambio del verbo «to see» (ver) por «to make» (hacer). Ese pequeño cambio parece sugerir que el deseo de Monsanto no es transformarse a sí mismo en la línea de un mundo mejor, sino transformar al mundo en lo que es mejor para Monsanto, una firma que se ha hecho célebre entre otras cosas por las secuelas de uno de sus inventos, el agente naranja, potente herbicida de triste memoria no sólo para los vietnamitas invadidos en su día sino para los propios invasores norteamericanos.[17, 18] Pero la mayor celebridad la ha cobrado en época más reciente por su fuerte apuesta por la mejora del mundo agrícola mediante dos grandes líneas de productos. Una de ellas, el desarrollo del glifosato o Roundup© en 1970 por parte uno de sus trabajadores, John Franz, galardonado por su trabajo con la Medalla Nacional de Tecnología en 1987 por Ronald Reagan y con la Medalla Perkin de Química Aplicada en 1990.[19] La otra línea ha sido el trabajo en productos agroalimentarios transgénicos resistentes al glifosato.

El objetivo de los cultivos transgénicos parece bueno ya que su destino es introducir mejoras en los cultivos en términos de productividad cuantitativa y cualitativa (enriquecimiento en determinados nutrientes) y de resistencia a herbicidas e insectos. Pero en amplios sectores hay preocupación por posibles efectos incontrolados,[20] siendo uno de ellos la posibilidad de que, por su ventaja competitiva, eliminen fauna ecológicamente relacionada y contribuyan a disminuir la biodiversidad de las regiones en las que se implanten. Algunos estudios de laboratorio que alertaron sobre el potencial efecto nocivo de unas plantas transgénicas sobre las mariposas Monarca no se acompañaron de evidencias en trabajo de campo,[21] pero la posibilidad de que un gen introducido en una planta pase a malezas u otros cultivos con consecuencias impredecibles permanece. Otros efectos nocivos potenciales serían la inducción de una dinámica de resistencias por parte de insectos a sucesivas modificaciones transgénicas, la aparición de nuevos alergenos, un aumento de la resistencia a antibióticos o concentración de metales a niveles tóxicos. El problema esencial reside en que es muy difícil hacer extrapolaciones de resultados de laboratorio a áreas de cultivo. Los cultivos transgénicos pueden ayudar a paliar el problema del hambre en el mundo si bien esta tragedia parece más dependiente de una adecuada distribución de riqueza y decisiones políticas al respecto que de innovaciones técnicas cuyo riesgo ambiental es esencialmente un problema abierto.[22]

Desde el planteamiento de evitar cualquier posible escape de genes introducidos en una especie a otras creciendo en terreno colindante, se diseñaron dos grandes grupos de tecnologías de contención genética o GURT (Genetic use restriction Technologies). Uno de ellos está constituido por semillas del tipo V-GURT, habitualmente conocidas como «terminator» y patentadas en EE. UU. en 1998 por USDA y Delta&Pine. Incluye una modificación genética por la que, en ausencia de un producto regulador, se activa una toxina que mata al embrión en la semilla, de tal modo que el fabricante puede vender semillas fértiles que, en ausencia de su regulador, den lugar a una segunda generación de semillas estériles. El segundo grupo lo forman las semillas T-GURTs o «traitors». En este caso una toxina transgénica elimina un rasgo en vez de matar al embrión. También aquí la regulación del gen depende de un producto proporcionado por el vendedor de las semillas. Es discutible que estas técnicas bloqueen al cien por cien fecundaciones cruzadas con riesgo de esterilidad para cultivos no transgénicos, pero la crítica más importante hacia estas semillas transgénicas se centra en la posibilidad nada desdeñable de un monopolio favorecedor de grandes abusos en un contexto de mercado liberal. En el año 2000 cuatro compañías daban cuenta de virtualmente todo el mercado de cultivos genéticamente modificados: Syngenta, Monsanto, Aventis y DuPont. Robert Shapiro de Monsanto dijo en 1999 que no comercializarían productos que hicieran estériles a las semillas, pero la investigación sobre estos métodos continuó dando lugar a patentes, siendo Syngenta el jugador dominante en el desarrollo de tecnologías tipo GURT.[23]

En sucesivas reuniones, como la conferencia sobre biodiversidad de 2006, Monsanto aceptó moratorias para la comercialización de las semillas terminator, pero las investigaciones en ese terreno prosiguen. El «Transcontainer Project» es un proyecto de investigación fundado por la Comisión Europea, extendido de 2006 a 2009, que persigue «desarrollar sistemas de contención biológica estables y eficientes para plantas genéticamente modificadas».[24] Dentro de ese objetivo genérico incluye, como algunos de sus objetivos concretos, la reversibilidad del mecanismo de contención, dando lugar a lo que popularmente se está conociendo como semillas «zombie».

La preocupación por el medio ambiente y el probable cambio climático es recogida en beneficio propio por parte de las grandes empresas de semillas que están patentando la creación de plantas transgénicas resistentes a muy diversas condiciones ambientales. El Grupo ETC (Action Group on Erosion, Technology and Concentration), en un comunicado reciente, informa de la existencia de 55 familias de patentes, 27 de las cuales pertenecen a Monsanto y BASF.[25] En la patente número 7.253.000 de EE. UU., referida a factores de transcripción (reguladores de la expresión genética), se indica expresamente «De acuerdo con la invención, se proporcionan polinucleótidos aislados que codifican factores de inicio de transcripción implicados en la expresión genética inducida por stress, particularmente stress por sequía o frío».[26] Se trata de cubrir el mayor número de genes involucrados en la resistencia frente a diversas condiciones ambientales adversas y para ello se utilizan todos los medios que permiten la Biotecnología y la Bioinformática. Así Evogene hace referencia en su web al software «ATHLETE» (Agro Trait Harvest Leads Technology), indicando que «Athlete usa grandes cantidades de datos genómicos disponibles (principalmente públicos) para alcanzar rápidamente una lista fiable limitada de genes clave candidatos altamente relevantes para un rasgo de elección. Alegóricamente, la plataforma Athlete podría considerarse como una máquina capaz de elegir 50 a 100 boletos de lotería entre cientos de miles con una alta probabilidad de que el boleto ganador esté incluido entre los seleccionados».[27] En esa web también se dice que los genes propiedad de Evogene están siendo habitualmente incorporados en cultivos comerciales mediante la colaboración con varias empresas.[28] No se trata ya de patentar un producto o un método de fabricación ni tampoco de patentar un ratón o una planta transgénicos. Se persigue patentar todo lo que pueda dar lugar a algo vendible, aunque no se sepa aún qué vaya a ser ni los efectos que vaya a tener. En el caso de los ya llamados «genes del clima» (plantas transgénicas resistentes al cambio ambiental que se supone vendrá a corto o medio plazo), se patentan todas las secuencias que, en ocasiones, como el caso de Evogene, ya existen en bases públicas, pero a las que se les supone una posible función mediante criterios de selección bioinformática. Se da así una transición de patentes de productos obtenidos in vitro o in vivo a secuencias genéticas estudiadas por ordenador, in silico. Parece obvio que el sistema de regulación de patentes no se ha sabido adaptar a los cambios de la industria agroalimentaria y a sus fortísimas implicaciones comerciales. En la carrera por patentarlo todo, nadie se queda corto. CERES también se refiere en su página web al uso de más de 70.000 secuencias genéticas de varias especies y cientos de genes de rasgos y promotores con patrones de expresión especializados.[29]

El interés comercial convive curiosamente con actividades filantrópicas. Monsanto y BASF, por ejemplo, trabajan con el Centro Internacional de Mejoramiento de Maíz y Trigo (CIMMYT) y los programas de investigación agrícola nacional de Kenia, Uganda, Tanzania y Sudáfrica, para desarrollar maíz tolerante a la sequía. A ese programa contribuye la Fundación Bill & Melinda Gates. Monsanto y BASF, por su parte, acordaron donar a los investigadores africanos, libre de regalías, transgenes tolerantes a la sequía.[30]

Medicamentos para todos

La historia de la farmacología es muy interesante y está íntimamente unida a la de la Medicina. El ser humano ha probado multitud de productos minerales, vegetales o animales ofrecidos por la Naturaleza en diferentes formas y con un grado mayor o menor de transformación. En general, la transformación más simple de lo dado se efectúa mediante procesos de solubilización y extracción en distintos solventes. Hay un amplio sector de la población que prefiere esa obtención tradicional, «natural», de sustancias con conocidas o supuestas propiedades terapéuticas. Las herboristerías y los naturópatas viven de esa preferencia y abunda una creencia ingenua en que todo lo obtenido de la naturaleza y no sometido a un proceso químico-físico moderno de purificación es bueno. La racionalidad, no obstante, ha conducido al desarrollo de una farmacología moderna que ha abandonado desde hace ya muchos años el ámbito artesanal, reducido ahora a la elaboración de fórmulas magistrales, para constituirse en industria e introducirse en un proceso de mercantilización en el que las grandes multinacionales farmacéuticas tienen un papel cada vez más relevante. Sólo la industria farmacéutica puede proporcionarnos en la práctica un antibiótico o un analgésico de estructura molecular conocida y a las dosis adecuadas para tratamientos específicos, lo que supone un beneficio incuestionable. Lamentablemente no todo es bondadoso. En un mundo ideal la industria farmacéutica nos proporcionaría medicamentos eficaces y baratos, las distintas firmas competirían entre sí por el logro de fármacos novedosos que ampliasen las posibilidades terapéuticas al mayor número de enfermedades posible y eso lo harían mediante la inversión en I+D de una parte considerable de sus legítimas ganancias, pero nuestro mundo no es ideal y en él imperan las fuerzas del mercado. Es cierto que la finalidad de la industria farmacéutica es obtener buenos medicamentos pero no es menos cierto que quizá su objetivo principal sea vender su producto.

Desde un punto de vista comercial interesa tener un mercado amplio. Es legítimo que haya empresas que viven de desgracias ajenas y así ocurre con las funerarias. Es legítimo que la industria farmacéutica aspire a tener una amplia clientela a la que vender su producto. Hay un mercado real, basado en necesidades que se pueden cubrir con los medicamentos existentes; un ejemplo lo proporcionan las enfermedades infecciosas y el dolor, mercados reales para antibióticos y analgésicos. Pero hay también un mercado potencial constituido por las enfermedades para las que no hay tratamiento o para las que los existentes son muy poco eficaces, siendo ese el caso de cánceres, enfermedades autoinmunes y enfermedades degenerativas, que requieren con urgencia la aparición de medicamentos mucho más eficaces de los disponibles actualmente. Un mercado potencial puede pasar a ser real tras hallazgos terapéuticos importantes y así ha ocurrido en el caso del SIDA en el que los antirretrovirales transformaron un mercado potencial en uno real. Hay muchas fases previas en la investigación farmacéutica necesarias para lograr un producto eficaz contra una enfermedad. La mayor parte del esfuerzo es infructuoso y por eso desarrollar un medicamento útil es un proceso largo y costoso. Es decir, el paso de un mercado potencial a uno real es, en general, muy lento, siendo impredecible el tiempo y esfuerzo en investigación que supondrá.

No siendo fácil obtener fármacos que sean eficaces ante un mercado aun potencial como sería el caso de la enfermedad de Alzheimer, las firmas farmacéuticas optan por dos estrategias: la competitividad por el mercado real mediante productos similares (estrategia «me-too») o la extensión del mercado real convirtiendo a los sanos en enfermos (medicalización o «disease mongering»).

Al examinar un vademécum sorprende ver la gran cantidad de fármacos de eficacia similar para casi cada enfermedad común tratable. Beta-bloqueantes, benzodiacepinas, inhibidores de bomba de protones, no son productos aislados, sino familias de medicamentos entre los que no hay sólidas razones en general para una elección concreta por parte del médico. Hay una gran sinonimia farmacológica que indica una tendencia habitual por la que las compañías farmacéuticas están invirtiendo más recursos en imitación que en innovación, excluyendo casos en los que se den desarrollos paralelos de productos similares. Esta estrategia de síntesis de medicamentos de efecto parecido a otros ya existentes es conocida como «me-too» («yo también»). No hay en general buenas razones para creer que las variantes posteriores al primer producto de una de esas familias sean mejores, ya que no se suelen contrastar con el producto base en ensayos clínicos sino frente a placebo, lo que impide evaluar adecuadamente el aspecto negativo potencial de efectos secundarios, sobre todo teniendo en cuenta que algunos de éstos sólo son detectables tras años de comercialización mediante sistemas tradicionales de farmacovigilancia. Esa situación ha sido duramente criticada por una ex editora del *New England Journal of Medicine*, Marcia Angell.[31] Aunque su visión es discutida argumentando que la competencia inherente a esos productos puede ir en beneficio del consumidor,[32] parece darse un claro dispendio de recursos que podrían ser utilizados en el desarrollo de fármacos realmente originales y necesarios para patologías insuficientemente cubiertas o para las que no existe ninguna terapia eficaz.

Si se tiene en cuenta que la finalidad prioritaria de una compañía farmacéutica es la venta de sus productos, no es tan sorprendente que hace unos treinta años, un ejecutivo de Merck, Henry Gadsden, expresara a la revista Fortune su deseo de que su empresa se pareciera al fabricante de chicle Wrigley, indicando que durante mucho tiempo su sueño había sido hacer fármacos para gente sana.[33] Existe ansia de felicidad. La proliferación de libros de autoayuda, los anuncios publicitarios de la televisión, las revistas del corazón y hasta el propio concepto de salud de la OMS nos muestran la felicidad como un derecho e incluso como una obligación, hasta el punto de que es fácil confundir la falta de felicidad con la enfermedad. Una persona puede creer que una determinada circunstancia molesta, como la timidez, es inherente a su forma de ser y poco puede hacer para superarla. La cosa cambia cuando una compañía farmacéutica anuncia que más de un millón de australianos padecen un desorden psiquiátrico infradiagnosticado llamado fobia social y que es susceptible de ser tratado con el pertinente fármaco.[34] Es entonces cuando uno puede pasar fácilmente de no sentirse enfermo a saberse enfermo y a requerir el tratamiento farmacológico adecuado.

La «educación sanitaria» por parte de las multinacionales farmacéuticas utiliza todos los medios, cobrando especial relieve en los últimos años la difusión a través de Internet. Existen multitud de páginas web dedicadas a instruir sobre enfermedades e incluso a facilitar un autodiagnóstico, transformando situaciones infelices en enfermedades. Esa información revela lo no sabido hasta entonces y es que el lector no es un infeliz sino más bien un enfermo no diagnosticado. La sugerencia del producto del patrocinador siempre es sutil, generalmente a través de la recomendación de una visita al médico. Se ha conseguido, por ejemplo, un cambio de prevalencia del trastorno bipolar de un 0,1 a un 5%. Curiosamente, ese incremento no se ha asociado a mayores ventas de litio, un medicamento eficaz, barato y ampliamente estudiado, sino a otros más «modernos» como el ácido valproico y la olanzapina.[35]

En esa concepción de salud como felicidad, todo lo molesto debe ser tratado y eso incluye en general a la esfera psíquica. El primer paso consiste en transformar lo psíquico en somático. Por ejemplo, ningún niño será un vago, distraído o revoltoso, sino que tendrá un trastorno debido a un problema bioquímico en su cerebro. Entre 1990 y 1995 las prescripciones de metilfenidato a jóvenes aumentaron cinco veces en Canadá. Pero para tratar un problema debe ser previamente reconocido y no basta ya con los médicos, teniendo ahora los profesores un papel formal en el diagnóstico del Síndrome de Déficit de Atención con Hiperactividad (ADHD) y a tal fin se han establecido webs educativas con recursos específicos para profesores, sugiriendo la de una firma farmacéutica lo que pueden hacer frente a padres preocupados, indicando que el

ADHD es una condición seria que puede requerir el tratamiento prolongado del niño.[36] No hay ya, como en tantos otros casos, trastornos de conducta corregibles en mayor o menor grado, sino enfermedades, síndromes en este caso, sobrevenidas. Pero donde más clara, más anatómica, ha sido la transformación conceptual de enfermedad es en el terreno de la sexualidad. Hasta hace poco tiempo la impotencia constituía un problema preocupante. Hoy en día no existe, habiendo, en cambio, disfunción eréctil. El término «impotencia» tiene una connotación que abarca al sujeto en su totalidad y que puede asociarse al fracaso de la relación de pareja. Se puede sufrir impotencia por múltiples causas y no son menores las psíquicas; sin embargo, ha habido una transición poderosísima de la esfera psíquica a la anatómica en la etiología de la impotencia asociada a su cambio de término, relacionado a su vez con la aparición de tratamientos farmacológicos como el sildenafilo. En su página web, el fabricante del sildenafilo indica que más de la mitad de todos los hombres mayores de 40 años tienen dificultades en lograr o mantener una erección.[37] Siendo así, el lector impotente de la web ya no se considerará un elemento extraño con vergüenza a consultar su problema sino que, por el contrario, tenderá a optar por el consejo ahí dado de que acuda al especialista, urólogo obviamente, quien le recomendará la terapia oportuna, probablemente relacionada con el producto del patrocinador de la web, para que la sangre fluya adecuadamente, porque ese es el problema real, fisiopatológico, en una sexualidad entendida como pura genitalidad. En esa genitalización de lo sexual, estrictamente anatómica, la impotencia ya no es sólo cosa de hombres y por eso se habla también de disfunción sexual femenina. La FDA descartó en su momento tratar este supuesto desorden con sildenafilo, lo que simplemente facilitó la alternativa terapéutica a los parches de testosterona.[38] En ese contexto hedonista de la OMS y de las multinacionales farmacéuticas, es lógico que la menopausia también sea considerada como no saludable y tratable. Tuvieron que transcurrir años para mostrar que la terapia hormonal sustitutiva supone riesgos para la salud.[39]

La Industria Farmacéutica es agresiva, la Medicina se ha hecho defensiva, y el sujeto ha pasado a ser consumidor de fármacos y cirugías plásticas para satisfacer su derecho a la felicidad.

La muerte siempre es sorprendente, pero unas veces más que otras. «A subitanea et improvisa morte, libera nos, Domine», se reza en las letanías de los santos. Se sabe que vendrá la muerte tarde o temprano aunque se viva de espaldas a ella, pero ese pavor a la muerte repentina se ha tratado de conjurar no sólo con plegarias, sino buscando las posibles causas para prevenirla. Las enfermedades cardiovasculares suelen ser responsables de la mayoría de muertes súbitas. Puede ocurrir que un aneurisma se rompa, que ocurra un tromboembolismo pulmonar masivo, una hemorragia cerebral o un infarto de miocardio. El corazón sigue siendo el centro simbólico de la vida y en muchas ocasiones es la diana letal. Unas coronarias que se obstruyen y sucede lo peor. Pero se saben ya muchas cosas para tratar de evitar esas muertes súbitas, habiendo revelado la epidemiología la importancia de muchos factores llamados de riesgo: la obesidad, la diabetes, el sedentarismo, la hipertensión, niveles elevados de colesterol, el tabaquismo...; desde hace tiempo también se conoce la relación que el propio estado emocional (personalidad tipo A se le llamaba antes) puede tener con la mortalidad cardiovascular. Y como se sabe que todo eso influye negativamente, se ha generado una especie de moral médica que ha ido sustituyendo a la moral tradicional. Ya no se trata de rezar las letanías de los santos, sino de no ser sedentario, hacer dietas, dejar de fumar, hacer ejercicios de relajación, ser «positivo» y controlar la tensión arterial, la glucemia y la tasa de colesterol. Se conjura la posibilidad de muerte tratando de actuar sobre lo que estadísticamente se ha relacionado con ella, los factores de riesgo, que en sí mismos no producen síntomas en general por lo que se les suele llamar enemigos silenciosos. No es el corazón, sino el colesterol o la hipertensión lo que nos va matando sin darnos cuenta hasta que nos morimos de verdad. Ya no sólo hay la posibilidad de muerte súbita, sino que se habla de probabilidad de ella, calculable fríamente con criterio frecuentista en función de toda la constelación de factores de riesgo. Ese «saber» ha modificado la forma de vida de muchas personas, que hacen penitencia gastronómica e invierten su tiempo de ocio en acudir al gimnasio o en dedicarse a correr, llegando paradójicamente a veces a matarse con sus nuevos hábitos por evitar morirse.

Desde hace tiempo se sabe que la hipertensión no es buena compañera. Mantenida durante años lesiona las arterias del corazón, del riñón, de la retina. Por eso, la medida de la tensión arterial se ha hecho algo habitual no sólo en consultas médicas sino también en farmacias e incluso en la propia casa y se han desarrollado múltiples familias de hipotensores. El reconocimiento del peligro inherente a la hipertensión ha hecho que la hipertensión misma sea reconocida como enfermedad. La hipertensión es efectivamente un enemigo silencioso del que se saben muchas cosas, excepto algo tan interesante como su causa en la mayoría de los casos, y abrió un mercado oportuno a los distintos hipotensores desarrollados, que se administran solos o combinados para obtener un nivel de tensión adecuado. Pero ahí empieza un problema no sólo médico, sino también de mercado, cual es definir los objetivos a alcanzar con el tratamiento. Las cifras óptimas han ido bajando progresivamente aduciéndose datos epidemiológicos y ello propicia que cada día sean tratadas más y más personas en pos de una idealidad de cifras tensionales cada vez más bajas. Pero donde mejor se ha visto la influencia de la industria en medicalizar un factor de riesgo ha sido en el caso del colesterol. Existen situaciones como la hipercolesterolemia familiar homocigótica en donde la asociación de niveles altos de LDL-colesterol con enfermedad cardiovascular es clara. En algunos de estos pacientes se producen infartos antes de los veinte años. Pero aunque los niveles séricos de colesterol no lleguen a ser tan altos como en estas situaciones, parece que no son buenos para el estado de nuestras arterias. El estudio Framingham es una evaluación longitudinal que realiza el gobierno de EE. UU. desde 1948 cuyo objetivo es conocer las circunstancias en las cuales surge, se desarrolla y termina fatalmente la enfermedad cardiovascular en la población general. Mostró que el colesterol era un factor de riesgo a tener en cuenta en este sentido. En 1985 Goldstein y Brown recibieron el premio Nobel de Medicina por sus estudios sobre la relación entre el colesterol y la arteriosclerosis, basados esencialmente en el análisis de mutaciones en el receptor de LDL y sus consecuencias. No tardaron en unirse ambas visiones, epidemiológica y experimental, en un panorama en el que el colesterol fue declarado enemigo público número uno de nuestra salud. Se vio que la normalidad estadística de los niveles poblacionales se alejaba de la idealidad epidemiológica y se empezó a recomendar su reducción. Lamentablemente las aproximaciones dietéticas y farmacológicas dieron muy poco resultado hasta que, como en el caso de la penicilina, un hongo proporcionó la solución buscada. Por alguna razón, probablemente como sistema de defensa frente a otros organismos, el Aspergillus terreus sintetiza un inhibidor de la síntesis de colesterol llamado lovastatina.[40] Ese producto fue purificado por Merck y con posterioridad se desarrollaron otras estatinas por otras firmas con el mismo mecanismo de acción (estrategia «me-too»). Se han realizado múltiples ensayos clínicos con estatinas que muestran su eficacia en reducir los niveles de colesterol y su relativa seguridad y en ellos se señala generalmente también un efecto reductor sobre la mortalidad cardiovascular en los grupos tratados. Sin embargo, los resultados son interpretables en un modo intuitivamente muy distinto si se atiende a la reducción en términos de riesgo relativo (porcentaje) en vez del riesgo atribuible que indica indirectamente el número de personas que habría que tratar durante un determinado período de tiempo para «salvar» una vida, siendo en el primer caso mucho más llamativos. Eso, unido al hecho de que las cifras ideales de colesterolemia se han ido reduciendo progresivamente a lo largo de los años por parte del NCEP (National Cholesterol Education Program), ha favorecido una expansión extraordinaria del mercado de estos medicamentos, a ingerir de por vida y cuanto antes, sugiriendo la Asociación Americana de Pediatría en una publicación en *Pediatrics* en julio de 2008 adelantar de los diez a los ocho años el inicio de la terapia farmacológica con estatinas en niños que tengan un nivel de LDL colesterol igual o superior a 190 mg/dL en ausencia de otros factores de riesgo.[41] Según recoge una «Perspective» del *New England Journal of Medicine*, una farmacoterapia con estatinas iniciada a esa edad puede afectar negativamente a todos los sistemas dependientes de productos bloqueados por ellas: sistema nervioso central, inmunológico, endocrino y metabolismo energético, señalándose que «una vez que esta puerta se ha abierto, la industria farmacéutica la traspasará felizmente».[42] La obsesión por el colesterol no sólo es beneficiosa para los productores de estatinas; también crece un mercado de productos «naturales» enriquecidos en estanoles, ácidos grasos omega 3 o betaglucanos.

Para que un fármaco se venda hay que demostrar su eficacia y difundir esa demostración. La difusión se hace directamente al médico mediante agentes comerciales y, muy frecuentemente, patrocinando congresos o symposia. Se ha estimado que los gastos de promoción de las compañías farmacéuticas comprendieron entre un 30 y un 35 % de sus beneficios en 2002. Considerando que la demostración de eficacia es básica para difundir un producto, el marketing farmacéutico descansa en última instancia en los resultados de los ensayos clínicos.

Un mercado de evidencias

La conveniencia de usar cítricos para evitar el escorbuto se puso de manifiesto en un estudio comparado hecho por James Lind en 1753.[43] Pero en general no basta con comparar unos tratamientos con otros o con nada. La variabilidad inherente a la fisiología humana hace que relaciones aparentes puedan no ser reales sino simples consecuencias del azar. Ese es un problema que no sólo se da en Medicina, sino también en todos los ámbitos en los que haya muchas variables cuya interacción pueda perturbar el establecimiento de relaciones causales. Uno de esos ámbitos es el agrícola. Diseñar bien los experimentos de forma que nos sean informativos requiere el análisis estadístico. En 1919, Ronald Fisher, un matemático con gran interés en la Genética Mendeliana y uno de los fundadores de la Sociedad Eugenésica de la Universidad de Cambridge trabajó como estadístico en la Estación Experimental de Rothamsted. Fue ahí donde su implicación en el diseño experimental facilitó un trabajo teórico del que surgieron conceptos hoy tan habituales como randomización, cuadrados latinos, análisis de varianza, etc. La Estadística aplicada a problemas biológicos, la Bioestadística tal como se la conoce ahora, era prácticamente inexistente en 1940. Progresivamente se fue reconociendo como arma indispensable para diferenciar relaciones reales entre variables, de los efectos del azar y acabó dando lugar a lo que se conoce como ensayo clínico randomizado siendo el primero el realizado en 1947 para evaluar la eficacia de la estreptomicina en el tratamiento de la tuberculosis.[44, 45]

Un nuevo producto, aislado o sintetizado, puede parecer prometedor en un modelo experimental, pero la extrapolación de él al ser humano no es directa. La talidomida ha sido un triste ejemplo que muestra la necesidad de ir paso a paso en la incorporación de un medicamento al uso clínico.[46] En general, un ensayo clínico se estructura en cuatro pasos: la fase I evalúa la toxicidad en voluntarios sanos a los que se les van administrando dosis crecientes del producto a ensayar. En la fase II se analiza en un grupo de enfermos la posible relación riesgo/beneficio y en caso de que se encuentre eficacia se pasa a la fase III en la que se compara el fármaco novedoso frente a un control. Para ello, se divide a los sujetos de investigación en dos grupos (a tratar y control) haciendo un reparto aleatorio a la vez que se procura que ningún sujeto sepa a qué grupo pertenece y que tampoco lo sepa quien administra el tratamiento. Se trata entonces de un ensayo clínico randomizado a doble ciego, que permite homogenizar entre los dos grupos comparados los efectos de todas las variables no estudiadas y que evita la influencia psíquica inherente a saber, por parte del paciente o del médico, si se está o no siendo tratado con el medicamento experimental. Si se encuentra una relación estadísticamente significativa entre el tratamiento usado y el resultado clínico, se mejora el estudio analizando relaciones cuantitativas e interacciones con otros fármacos. Esta fase es crucial para determinar la posible eficacia de un fármaco y, en consecuencia, su autorización para su comercialización, tras la cual se entra en la fase IV, de farmacovigilancia, en la que se controlan a largo plazo efectos poco probables.

Un ensayo clínico se realiza con seres humanos siguiendo un protocolo y se presenta a una revista firmado por alguien. La justificación ética de un ensayo reside en que se busca, más allá del beneficio individual, el colectivo. Considerando que quien recibe un fármaco nuevo puede ser beneficiado o perjudicado, es preciso que todo participante en el ensayo sea adecuadamente informado y dé su consentimiento.

Desde que se reconoció la importancia del ensayo clínico en la adquisición de conocimiento médico, el número de ensayos en curso ha ido en aumento. ClinicalTrials.gov es un registro estadounidense de los ensayos clínicos en curso en el mundo sostenidos con fondos federales o privados. En el momento de redactar este capítulo el registro incluía más de 83.000 ensayos realizándose en 171 países. Eso plantea una necesidad obvia y es la de reclutar el número necesario de participantes, relacionado con la potencia estadística deseada. Surge así una carrera fuertemente competitiva por captar rápidamente el mayor número de individuos, habiéndose descrito el pago de honorarios importantes a médicos por ello, con «bonus» al alcanzar una cota determinada, lo que ha dado lugar a los consiguientes excesos, sirviendo como ejemplo el Veterans Affaire Hospital en donde se reclutaron sujetos demasiado enfermos o, por el contrario, demasiado sanos para cumplir los criterios iniciales. El American Medical Association's Council on Ethical and Judicial Affairs afirmó rotundamente que ofrecer o aceptar honorarios por reclutar pacientes para ensayos clínicos es contrario a la ética, pero se desconoce hasta qué punto se cumple esa indicación.[47, 48]

Otra cuestión importante es que un ensayo clínico debe hacerse en voluntarios que dan libremente su consentimiento, lo que no siempre ha ocurrido. El SIDA es un serio problema, especialmente en África, y uno de los elementos preocupantes es la transmisión materno-infantil del virus. En 1994 se sabía que la administración del AZT, el primer antirretroviral usado en esta enfermedad, durante el embarazo y a recién nacidos, reducía la tasa de transmisión del virus al niño de un 66% a un 8%. Pero se sospechaba que la transmisión del virus ocurría más bien al final del embarazo y, si era así, ¿por qué dar un tratamiento costoso y con efectos secundarios durante mucho más tiempo? Había dos posibilidades para responder esta pregunta: comparar el tratamiento corto con el largo, eficaz, o simplemente con placebo. En general, no es ético asumir el riesgo que supone la comparación con placebo en sustitución de la comparación con un tratamiento que funciona, pero desde un punto de vista estadístico se obtiene mayor potencia comparando con placebo y así se hizo en África con las consecuencias obvias para este grupo, desprovisto de ningún tratamiento eficaz. Esta flagrante violación de la declaración de Helsinki suscitó la crítica de Marcia Angell del comité redactor del New England[49] apoyándose en la posición de Wolfe y Lurie[50] quienes habían observado que en 1997 se estaba ensayando la eficacia del AZT sobre la transmisión perinatal frente a placebo en 15 de 16 proyectos de investigación en marcha. Pero también hubo reacciones a favor de este tipo de ensayos. Harold Varmus y David Satcher, directores entonces del NIH y del CDC respectivamente, defendieron el ensayo contra placebo argumentando la imposibilidad práctica de hacerlo frente a un tratamiento prolongado en el contexto socioeconómico de los países en desarrollo.[51]

La necesidad de un reclutamiento creciente se asocia a la globalización como cualquier mercado actual. El problema surge en la forma en que se presta el consentimiento informado que depende precisamente de la información suministrada. Aunque se recurra a médicos locales, no es fácil comunicar adecuadamente los beneficios y riesgos que el participante ha de asumir. Es tristemente célebre el caso del Instituto Tuskegee, perteneciente al NIH de EE. UU., que reclutó a varones afroamericanos del Estado de Alabama para estudiar la evolución de la sífilis durante cuarenta años comparando una población enferma no tratada con una población sana. A pesar de existir un tratamiento mercurial y posteriormente la penicilina, no se dio tratamiento alguno a la población control. El estudio sólo se detuvo a raíz de una crítica de la periodista Heller publicada en el New York Times. También fue escandaloso lo ocurrido en Willobrook, un centro para retrasados mentales de Nueva York en donde a los recién ingresados se les inoculaba el virus de la hepatitis para poder observar la evolución de la enfermedad argumentando que, siendo endémica en el centro, tarde o temprano la adquirirían por lo que el ensayo no comportaba un peligro adicional.[52, 53]

La investigación con seres humanos no puede dirigirse sólo por un interés científico, dadas las obvias implicaciones éticas. Tras las atrocidades nazis, se adoptó internacionalmente el código de Nürnberg. Más tarde, en 1964, se promulgó la declaración de Helsinki que representa el esfuerzo de la Asociación Médica Mundial (WMA) por alcanzar un consenso internacional sobre la ética de la investigación clínica. La discusión generada en torno al uso de placebos produjo un cambio de redacción del artículo II.3 relacionado con esta cuestión. En 1996 se indicaba: «En cualquier estudio médico, a cada paciente-incluyendo los del grupo control-se le debería asegurar el mejor método diagnóstico y terapéutico probados. Eso no excluye el uso de un placebo inerte en estudios en los que no existen métodos diagnósticos o terapéuticos probados». La cuestión que se suscitó fue si el mejor método diagnóstico o terapéutico tenía valor universal o relativo. En este último caso, cabía el cinismo de asumir que el mejor tratamiento en África no tendría por qué ser el mejor en Norteamérica, lo que abriría las puertas a una forma de imperialismo científico por el que ensayos no factibles en el mundo desarrollado podrían realizarse en países del tercer mundo, en el que los estudios con placebo serían éticos porque no incrementan el riesgo del grupo control frente al tratamiento convencional en esos países. Pero la llamada ortodoxia del control activo, esto es, la comparación frente a un tratamiento ya en uso, tiene también sus propios problemas. Uno de ellos es que la propia validez científica de un ensayo constituye en sí una protección ética fundamental por lo que en determinados casos debiera barajarse mucho hasta qué punto el descartar un control de placebo es realmente ético. Tal sería el caso de enfermedades raras en donde la realización de un ensayo frente a control activo puede suponer un proceso de reclutamiento muy difícil o prácticamente imposible. En otros casos, el riesgo o malestar asociados al uso de placebo son despreciables. También es útil la comparación cuando la respuesta al placebo es alta o cuando los tratamientos en uso son sólo parcialmente eficaces o tienen asociados serios efectos secundarios. Todo este tipo de planteamientos indujeron a una nueva redacción en la declaración de Helsinki de 2000, por la que el anterior artículo fue reemplazado con el artículo 29 que indica lo siguiente: «Los beneficios, riesgos, cargas y eficacia de un nuevo método deberían ensayarse frente los de los mejores métodos preventivos, diagnósticos y terapéuticos. Esto no excluye el uso de placebo o ningún tratamiento en estudios en los que no existen métodos preventivos, diagnósticos o terapéuticos probados». En 2002 se aprobó una aclaración como nota al pie del artículo 29, que indica lo siguiente: «La Asociación Médica Mundial reafirma aquí su posición de que debe tomarse un cuidado extremo al hacer uso de un ensayo controlado con placebo y que en general esta metodología debería usarse sólo en ausencia de un tratamiento probado existente. Sin embargo, un ensayo controlado con placebo puede ser éticamente aceptable, incluso si se dispone de terapia probada, bajo las siguientes circunstancias: donde por razones metodológicas convincentes y científicamente sólidas, su uso es necesario para determinar la eficacia o seguridad de un método preventivo, diagnóstico o terapéutico; o donde un método preventivo, diagnóstico o terapéutico está siendo investigado para una condición menor y los pacientes que reciben placebo no son sometidos a ningún riesgo adicional de daño serio o irreversible. Todas las demás provisiones de la Declaración de Helsinki deben ser observadas, especialmente la necesidad de ética apropiada y revisión científica».[54, 55]

Los ensayos clínicos se han convertido en una empresa comercial y la necesidad de un rápido reclutamiento de individuos y tendencias de globalización asociadas han hecho que esta tarea haya pasado de instituciones académicas a organizaciones de investigación clínica (CRO) contratadas por industrias farmacéuticas y biotecnológicas. Ya en 2000, las CRO llevaban más de dos tercios de los ensayos clínicos en curso. Según informa en su web la Association of Clinical Research Organizations, el tamaño de mercado de estas compañías se estima próximo a 18 mil millones de dólares con unos ingresos creciendo a una tasa del 15% anual. Externalizando el protocolo y, en mayor o menor grado, la propia metodología (analíticas, electrocardiogramas, etc.) los médicos participantes en el ensayo clínico, incluyendo los investigadores principales, son propiamente meros elementos de un engranaje dirigido por la gran industria farmacéutica.[56]

La naturaleza de la investigación clínica y los excesos que en ella se han dado han hecho obligado el sometimiento de cualquier ensayo clínico a la aprobación de un comité de ética. Dada la generación de conflictos de interés inherente a la comercialización, sería deseable que los comités de ética fueran absolutamente independientes. Sin embargo, ellos mismos, conocidos internacionalmente como Institutional Review Boards (IRB) están comercializados, formando parte de las CRO. Dado que cualquier retraso en la aprobación de un protocolo por un IRB afecta negativamente al margen de beneficio del promotor, es obvio el potencial conflicto de interés de los propios comités éticos y así algunos ya se han visto implicados en prácticas de investigación controvertidas. Por ejemplo, una CRO de EE. UU. reclutó inmigrantes indocumentados para ensayos supervisados por un director médico sin licencia. En 1999, las autoridades suizas alertaron de que una CRO estaba reclutando individuos del Este europeo con consentimientos informados redactados en un idioma que no comprendían y el investigador principal no tenía licencia para practicar la Medicina.[57, 58]

El afán de beneficio basado en la comercialización de un producto puede distorsionar lo que el método científico proporciona, habiéndose observado que la investigación patrocinada por la industria farmacéutica produce más frecuentemente resultados favorables al producto que la investigación patrocinada por otras fuentes.[59] En un estudio realizado sobre 873 artículos publicados en cuatro revistas relevantes de Psiquatría, se encontró una relación estadísticamente significativa entre conflicto de interés económico por parte de los autores y el resultado positivo de los ensayos clínicos publicados. Aunque los autores del estudio no descartan que la razón pueda residir en una mayor potencia estadística facilitada por la financiación y la mayor experiencia de los investigadores participantes, concluyen en la necesidad de que la lectura de los resultados sea especialmente rigurosa en presencia de conflictos de interés.[60]

El psiquiatra David Healy tuvo acceso a datos no publicados con ocasión de asesorar a demandantes en juicios relacionados con el suicidio de familiares en tratamiento con antidepresivos.[61] El problema de los datos no publicados por contravenir los intereses de firmas farmacéuticas fue revelando su magnitud progresivamente. En 2004, *The Lancet* publicó un meta-análisis en el que se ponía de manifiesto la diferencia entre resultados publicados y no publicados con respecto a la indicación de tratar la depresión con inhibidores de recaptación de serotonina (SSRI) en menores de 18 años. El conjunto de los datos mostraba que, exceptuando la fluoxetina, los SSRI no eran eficaces y no podía ignorarse además un posible riesgo asociado de ideación suicida y efectos secundarios adversos.[62] En el mismo número, un editorial comentaba con gran dureza esa situación oscurantista: «La historia de la investigación sobre el uso de inhibidores de recaptación de serotonina (SSRI) en la depresión infantil es una historia de confusión, manipulación y fallo institucional. Aunque la evidencia publicada fue, en el mejor de los casos, inconsistente, se promovió el uso de los SSRIs para tratar la depresión infantil por parte de compañías farmacéuticas y clínicos de todo el mundo», indicando más tarde: «En una cultura médica global en la que la práctica basada en la evidencia es vista como el patrón áureo para el tratamiento, estos fallos son un desastre».[63] El revuelo causado con los antidepresivos SSRI fue importante. En una de las cartas dirigidas a *The Lancet* se lee: «La supresión de la publicación de resultados negativos de ensayos clínicos con SSRI en niños (24 de abril, página 1335) es más que una mera materia de "confusión, manipulación y fallo institucional". Es un delito».[64] Situaciones tan lamentables han forzado a cambiar las recomendaciones iniciales y la agencia reguladora británica (The Medicine and Healthcare products Regulatory Agency) anunció inaceptables perfiles de riesgo-beneficio para todos los antidepresivos, excepto la fluoxetina, para el tratamiento de la depresión mayor en pacientes menores de 18 años.[65] Revistas de la importancia del *New England* o *The Journal of the American Medical Association* han mostrado que la honestidad imprescindible en cualquier ensayo clínico puede oscurecerse si hay conflictos de interés.[66, 67]

La externalización de protocolos y de elaboración de resultados ha alejado a los investigadores académicos de la confección y dirección de la mayoría de los ensayos clínicos, pero para que un ensayo clínico determinado sea «productivo», para que tenga un efecto obvio sobre su aceptación por la Administración o, tras la comercialización, sobre la prescripción médica, siguen teniendo gran relevancia dos aspectos: la autoría y el factor de impacto de la revista en la que se publican los resultados. Eso ha facilitado el desarrollo de compañías de publicación. Son las llamadas MECC (compañías de educación médica y comunicación). Desde los años ochenta la mayoría de compañías farmacéuticas han externalizado la redacción de sus publicaciones a agencias dedicadas. Current Medical Directions, CMD, es una de ellas. Una comparación revela que los trabajos coordinados por esa agencia aparecen en las revistas de mayor impacto en su campo, teniendo los autores de CMD una tasa de citas tres veces superior a los demás.[68] Así pues, las agencias lo hacen bien: consiguen buenos resultados «científicos» en función del criterio que se suele utilizar: altos índices de impacto,[69] anunciando una de estas compañías en su web que ha producido más de 500 manuscritos con una tasa de aceptación superior al 80%[70] y en ello influye mucho quien los firma. No es lo mismo que un artículo vaya firmado por un desconocido que por alguien prestigiado en su especialidad y esa es la vía que se sigue en muchos casos: ofrecer el trabajo a alguien para que simplemente lo firme, pagándole por ello una cantidad. La empresa queda satisfecha porque su trabajo es avalado por una autoridad científica y ésta también contenta porque añade sin ningún esfuerzo un nuevo trabajo a su currículo y además cobra por ello. Esa es la práctica conocida como *ghostwriting*.[71] Se estima que hasta un 75% de los trabajos relacionados con ensayos clínicos sobre agentes terapéuticos que aparecen en revistas de alto impacto son *ghostwritten*. Originalmente esta práctica estaba confinada a suplementos de revistas médicas pagados por la Industria pero ahora puede encontrarse en todas las revistas médicas principales, especialmente las de Cardiología y Psiquiatría. Además de autoridades científicas invitadas, hay *ghostwriters* «negros» que, como Michael Anello, ofrecen sus servicios en Internet mostrando en sus páginas muestras de trabajos publicados.[72] El estudio de esta práctica es difícil por razones obvias. No todo lo que se produce se publica. Las opciones que ha habido para investigarla han sido resultado de juicios relacionados con productos farmacéuticos. De ellos, hay uno especialmente relevante en el que los autores, como asesores de parte, tuvieron acceso a miles de documentos relacionados con un antiinflamatorio llamado Rofecoxib cuyo uso se asoció a mortalidad de origen cardiovascular, lo que originó las consiguientes polémicas y juicios. El estudio reveló la práctica del *ghostwriting* en ensayos clínicos, evidenciando una sistemática por la que la autoría de un manuscrito preparado por empleados de la firma era ofrecida a un autor invitado. De 16 artículos publicados, todos tenían dos o más autores invitados ocupando generalmente las primeras posiciones en la relación de firmantes. En el caso de trabajos de revisión, se hallaron documentos que mostraban relación contractual con agencias especializadas en publicación médica, las cuales proporcionaban borradores de manuscritos de revisión a autores además de tramitar el proceso de sumisión y *peer review*. Asimismo existían documentos describiendo la compensación económica a autores invitados por su servicio. La diferencia principal entre artículos y revisiones consistía en que en el primer caso el trabajo era efectuado por empleados de la firma farmacéutica, mientras que en el segundo corría a cargo de empresas de publicación médica. En ambas situaciones se requería finalmente la firma de un autor invitado.[73]

Las CRO y las MECC viven de la contratación de sus servicios por grandes empresas farmacéuticas. Las MECC no sólo facilitan la publicación, utilizando frecuentemente la práctica de *ghostwriting* en buenas revistas médicas, sino que también trabajan en la línea de promoción de un producto en sus diferentes formas (symposia, congresos, etc.). Es obvio que todas esas prácticas de maquillaje de resultados y promoción suponen un gasto considerable, habiéndose estimado por algunos autores que el gasto de marketing duplica en la práctica al de I+D.[74] Siendo así las cosas, la influencia de la industria farmacéutica en la investigación clínica que se hace e incluso en sus resultados es un hecho repetidamente denunciado.[75, 76]

La medicina basada en la evidencia (EBM) tiene evidencias frágiles, ya que, basándose en ensayos clínicos y siendo los resultados de éstos sesgados en buena medida, con autorías discutibles en muchos casos, también sus guías y protocolos están probablemente sesgados. En una encuesta realizada a autores de guías clínicas, un 87 % de los que respondieron tenían alguna forma de interacción con la industria farmacéutica. Un 58% había recibido apoyo económico para realizar la investigación y un 38% eran empleados o consultores de una compañía farmacéutica. Un 59% de los autores tenía relación con compañías cuyos productos eran específicamente considerados en las guías. Los resultados sugieren que la mayoría de los autores de guías tienen relación con firmas farmacéuticas, siendo una fracción significativa de ellos consultores o empleados de las mismas.[77]

El producto bibliográfico

Con cierta generalidad puede decirse que pasó el tiempo en que el avance científico se asociaba a célebres individualidades. Figuras como Newton, Darwin o Heisenberg, pueden repetirse pero el contexto ya no es el mismo que en su época. La Ciencia actual es esencialmente tarea colectiva y las luminarias como Edward Witten brillan en medio de grupos y no como seres aislados. Pasó en buena medida la época en que nombres de científicos se asociaban a unidades de magnitudes físicas, propiedades, leyes, ecuaciones o elementos químicos. Seguirá habiendo asociaciones de nombres propios a ecuaciones y fenómenos por descubrir pero la proporción de su número a la de científicos vivos en un momento dado es claramente decreciente.

Se hace Ciencia en grupo y por científico se entiende ya casi exclusivamente a quien hace investigación científica de forma profesional. Abordar la naturaleza de la Ciencia y el papel de los científicos supone, por lo tanto, reflexionar sobre la naturaleza de esos grupos, la posición de los diferentes investigadores dentro de ellos, del personal de apoyo, de sus fuentes de financiación y de sus objetivos, cabiendo diferenciar dos grandes finalidades en la empresa científica: la epistémica y la aplicativa. Por poner dos ejemplos extremos, no es lo mismo trabajar sobre la conjetura de Poincaré que desarrollar un nuevo fármaco. En general estas dos finalidades se sustentan en sendas estructuras organizativas: la Universidad y la Industria, tomando ambos conceptos en sentido amplio ya que la variedad existente es muy amplia así como el grado de interacción entrc ambas, siendo las empresas «spin off» buena muestra de ello, así como los centros de investigación de mecenazgo, de los que el Instituto Howard Huges es un magnífico ejemplo. Por otra parte, es habitual que un investigador actual no pertenezca a lo largo de su vida activa al mismo grupo, sino que se mueva entre varios centros de investigación, formando parte de grupos flexibles en su composición. Tales cambios van ligados al currículo habitual: doctorado, estancias post-doctorales, pertenencia a grupos de investigación como profesional asalariado y eventual liderazgo de un equipo, con posibilidad de ascenso en términos del *ranking* científico internacional.

La Ciencia se hace esencialmente en un mundo capitalista cuyos criterios de valor son también aplicados habitualmente al científico que, en ese contexto, trabaja para vender un producto, el resultado de su investigación. En el caso de las patentes, el producto es algo claramente diferenciable, pero no es así cuando se hace investigación no aplicada en cuyo caso el producto, un incremento del saber producido, debe reconocerse de algún modo. El criterio para hacerlo se ha creído encontrar en la bibliometría, partiendo del postulado de que el trabajo de un científico vale si se comunica. Esto no era así hace siglos. Gauss se reservaba muchos de sus descubrimientos y se regocijaba cuando alguien le mostraba como novedoso algo que él ya había descubierto antes, Fermat tampoco era muy dado a comunicarlo todo, Galois vio esa necesidad en la víspera del duelo que le acarreó la muerte. Pero eran otros tiempos; ahora la Ciencia no es ya ni un divertimento ni una actividad de un «invisible college», sino algo hablado, comunicado en diferentes formas, como los congresos y symposia, pero siendo el artículo científico el referente principal.

Los artículos constituyen la pieza esencial con que se construye el «corpus» científico. A partir de ellos se elaboran revisiones en revistas y libros. Hay investigadores prolíficos y otros que publican poco. Hay quien publica en revistas importantes y quien lo hace en revistas locales de difusión muy restringida. Algunos publican en solitario, mientras que otros forman parte de grandes equipos de trabajo. ¿Cómo evaluar a efectos comparativos la productividad de un investigador concreto? Ese problema se liga a otro y es que la producción científica también crece. En 2001 se estimaba que el número de revistas científicas era superior a 16.000, con 1,4 millones de artículos publicados anualmente.[78] Nadie puede pretender acceder a todo lo que se publica en su campo, por muy restringido que éste sea. Hay que elegir qué se lee. Intuitivamente se sabe que unas revistas científicas son mejores que otras, pero no hay que olvidar que algunos trabajos relevantes, como los de Mendel,[79] se publicaron en revistas de escasa difusión. En general, hay que elegir en dónde publicar y hay que saber qué leer, entre un número finito pero no manejable de posibilidades. Y esa elección tiene que ver con la calidad de las revistas, cuantificada a su vez mediante un criterio bibliométrico conocido como factor de impacto.

En 1955 Eugene Garfield mencionó en la revista *Science* por primera vez la idea de un factor de impacto. Con apoyo del Instituto Nacional de la Salud estadounidense (NIH) se publicó el Genetics Citation Index, que dio lugar después al Science Citation Index. Considerando que un trabajo relevante será más citado por otros autores, el factor de impacto de una revista se expresa como un cociente cuyo numerador es el número de citas de un año relacionadas con trabajos publicados en la revista en los dos años anteriores, siendo el denominador el número de artículos y revisiones publicados por la revista en ese tiempo.[80, 81] Actualmente es la empresa Thomson Scientific la que da a conocer los factores de impacto de miles de revistas científicas. Se trata de un índice referido a revistas y sólo indirectamente a quien publica en ellas pues el mayor número de citas corresponde a una fracción pequeña de los trabajos de una revista determinada[82] (en un autoanálisis de su factor de impacto correspondiente a 2005, *Nature* registró que el 89% de sus citas se debían al 25% de los trabajos publicados[83]). El factor de impacto ha sido criticado por diferentes razones: está sesgado a publicaciones inglesas, las revistas con mayor proporción de revisiones que de artículos son más citadas, los libros, conferencias y cartas científicas no son tenidos en cuenta a la hora de evaluarlo y es alterable por sinonimia (variantes de un mismo artículo) y por homonimia (variantes de un mismo nombre).[84-86]

Precisamente por su relación con la revista más que con el investigador concreto, se han adoptado otras alternativas al factor de impacto para evaluar la producción científica de un investigador. Una de ellas es el índice **h** propuesto por Hirsch.[87] Un científico tendría un índice **h** si, de todos sus trabajos publicados, un número, h, de ellos, tienen cada uno al menos h citas. Este índice es interesante ya que es muy dependiente de una actividad investigadora continuada y fecunda, más que de unos pocos trabajos excelentes y premia la bondad de la investigación pero especialmente su constancia en el tiempo. Como dato anecdótico, el valor mediano de **h** en premios Nobel es 35. Como en otras muchas situaciones, la cuantificación puede ser obsesiva y cualquier factor de los considerados o los posibles basados en un sistema de PageRank[88] como el utilizado por Google no son sino meras aproximaciones a la hora de evaluar a un investigador. Pero aun siendo criticables, los factores de impacto sirven para objetivar de alguna forma el currículo científico de una persona. Lógicamente, cuanto mayor sea el impacto de una revista más rigor tiene su sistema de filtro de *peer review* o evaluación por pares (*referees*) para acoger artículos. El *peer review* evalúa la originalidad de los descubrimientos y su significado en el contexto de lo ya sabido, analiza el método utilizado para alcanzar los resultados presentados y si se cumplen los criterios éticos exigibles a la investigación. Se ha criticado mucho este tipo de filtro, describiéndose escasa concordancia entre los *referees*, un sesgo hacia resultados positivos y en contra de trabajos de replicación, y favoritismos institucionales o personales[89, 90] pero, a pesar de todos los defectos que se le han atribuido, el *peer review* sigue vivo porque es el único que permite filtrar lo que es relevante para un potencial lector entre toda la maraña de manuscritos que se presentan a las revistas científicas. En cierto modo es un sistema de control de calidad susceptible de dos tipos de error: uno, equivocarse al recomendar un trabajo que no merece ser publicado, y otro, descartar para publicación trabajos que deberían publicarse como ha ocurrido con algunos descubrimientos rechazados que acabaron siendo publicados en otra revista e incluso merecieron el premio Nobel;[91] en este último caso, como una editorial de *Nature* apunta, a pesar de error del filtro inicial, los trabajos fueron finalmente publicados en la misma o en otra revista.[92] A pesar de su amplia utilización, el *peer review* es un sistema de filtro relativamente reciente. Los trabajos de Einstein no sufrieron este proceso y bastó con el visto bueno del editor, Max Planck, para que fueran publicados en Annalen der Physik. Asimismo la publicación del modelo bihelicoidal del ADN por Watson y Crick en 1953 en *Nature* sólo precisó de una carta de recomendación de William L Bragg. Actualmente eso es menos factible. El freno que supone el *peer review* a la comunicación rápida de resultados, especialmente en una época en la que ésta se ve facilitada por la existencia de Internet, ha promovido la aparición de revistas en formato Open Access en las que libremente se puede acceder no sólo a trabajos que han pasado ya el proceso de revisión y han sido publicados, sino también a aquéllos que están pendientes de ella y se ofrecen al lector como publicación pre-impresa. De esta forma no se elimina el *peer review* sino que se facilita incluso al poder modificar las ediciones pre-impresas en función de críticas de lectores, antes de someterlas a la revista.

En ausencia de *peer review* no cabe hablar propiamente de publicaciones científicas. Las consecuencias son importantes.

Evita un desperdicio de tiempo al descartar publicaciones pseudocientíficas, siendo frecuente que las más insólitas teorías sean publicadas en revistas que carecen de este filtro. Así ha ocurrido con la hipótesis del Dr. Shattock asociando el autismo con la vacuna triple contra el sarampión, paperas y rubéola a causa de un supuesto defecto metabólico y proponiendo dietas terapéuticas. Tener la honestidad de someter el trabajo propio a la revisión por pares es la única conducta éticamente aceptable hoy en día en la publicación científica, especialmente en la que tiene implicaciones médicas.

El currículo de un científico se basa principalmente en el número e impacto de sus publicaciones y en tal sentido se ha hecho célebre la frase «publica o muere» (*publish or perish*). De ese currículo puede derivarse una buena posición profesional y socioeconómica incluyendo el acceso a personas y dotación que, en círculo virtuoso, facilite el propio progreso en investigación, pero también, desde ese afán publicador, puede caerse en la tentación de incurrir en comportamientos que abarcan desde alteraciones formales hasta el fraude. Una de las prácticas poco elegantes consiste en el mero fraccionamiento de un artículo en varios («salami publication»), consiguiendo así multiplicar el factor de impacto. En el caso de grupos es frecuente una división del trabajo y una firma por todos los componentes de todas las publicaciones, de forma que la contribución propia de cada componente a cada publicación puede ser muy diferente. Cuanto más numeroso sea el grupo, más artículos para cada integrante del mismo. El acuerdo, tácito o explícito, consiste en que todos firmen todo con una mera modificación del orden de autoría, suponiendo una relación que, aunque no puede calificarse de seria, es simbiótica: produce un beneficio mutuo. Pero también existen situaciones de relación claramente parasitaria, en la que el orden de firma se rige por criterios jerárquicos y no de participación real en la elaboración del trabajo.

El hecho de que el currículo de un científico se base esencialmente en el impacto de sus publicaciones tiene el aliciente de estimular la investigación pero supone también el inconveniente de constreñirla generalmente a áreas bibliométricamente productivas. En la práctica, sólo desde la posesión de un reconocimiento inamovible como es un premio Nobel, puede un investigador permitirse el lujo de abandonar su campo para explorar otro totalmente novedoso para él. Brillantes ejemplos han sido Crick, Brenner y Tonegawa, pero son situaciones excepcionales y avaladas ya por un reconocimiento de la mayor categoría. En una época como la nuestra de profesionalización creciente de la actividad investigadora, el afán curricular, el hambre por publicar, supone en la práctica el cierre a la aventura de la Ciencia. Líneas interdisciplinarias se ven cerradas por su aparente improductividad a corto plazo en beneficio de otras más específicas y productivas curricularmente. Recientemente un número de *Nature* recogía la necesidad de cruzar el llamado «valle de la muerte» existente entre los investigadores biomédicos y los pacientes que necesitan del avance científico aplicado a terapias concretas, un cruce que sólo puede hacerse mediante la visión integradora que supondría la llamada «translational research».[93, 94]

El impacto y la primacía de un descubrimiento van generalmente asociados. Aunque en Ciencia es esencial la reproducibilidad, ser el primero supone siempre el mayor reconocimiento y por eso no se da sólo una búsqueda del saber por el saber, sino un interés en alcanzarlo y publicarlo antes que otros. Esa competitividad por la primacía se da desde que la Ciencia es Ciencia. Leibniz y Newton fueron eminencias, pero su genio sucumbió a la tentación de la soberbia y se enzarzaron en una diatriba eterna sobre la primacía en el descubrimiento del cálculo infinitesimal, aun cuando las dos versiones son en la práctica equivalentes. Koch demostró en 1876 que el Bacillus anthracis era la causa del ántrax, pero Pasteur publicó varios trabajos sobre ántrax, el primero en 1877 y afirmaba que era él quien había identificado antes las esporas del germen. La lucha en este caso se acompañó de las consiguientes resonancias políticas por los sentimientos nacionalistas de los contendientes. Pasteur, en plena guerra franco-prusiana (1871), devolvió el diploma de Virum Clarissimus que le había concedido en 1868 la Facultad de Medicina de la Universidad de Bonn, indicándole a su decano que se tomara esa devolución como signo de su indignación inspirada por la barbarie del rey Guillermo. El decano le contestó en tono similar respondiendo al insulto hecho a la nación alemana con la expresión de todo su desprecio.[95, 96]

Más próximo en el tiempo, Watson, codescubridor con Crick del modelo estructural del ADN, escribió un libro, «La doble hélice»,[97] en donde muestra que el afán de primacía fue motor esencial en ese descubrimiento, tomado como una carrera contra otros, entre los que se hallaba nada menos que Linus Pauling. Llama la atención, especialmente porque lo cuenta el propio Watson, la forma en que se utilizaron en beneficio propio los datos cristalográficos de Rosalind Franklin cuyo trabajo, esencial para desvelar la estructura del ADN, fue silenciado en la práctica siendo el modelo del ADN conocido como el de Watson-Crick. Ni siquiera Wilkins, el jefe de Franklin, que compartió el Nobel con ellos ha visto su nombre asociado al modelo.

Mucho más reciente ha sido la disputa entre Robert Gallo y Luc Montagnier relacionada con el descubrimiento del VIH como causa del SIDA. Después de inundar diarios con la discusión correspondiente, redactaron conjuntamente un artículo para el New England en el que narran de la forma más aséptica posible los pasos que dieron lugar a ese descubrimiento en el que los dos jugaron un papel relevante. Llama la atención la «lección» con que finalizan su artículo: «Una lección que debería ser clara es que la colaboración eficaz entre grupos de científicos y clínicos es esencial —y que es posible conseguir tal colaboración sin excluir cierta dosis de espíritu competitivo como acicate».[98] El reciente premio Nobel a Montagnier, a su colaboradora Barré Sinoussi y a un investigador no relacionado directamente con el SIDA muestra que la Academia Sueca no hizo mucho caso de esa componenda final, decantándose por un equipo ganador.

En esa carrera de fondo por ser los primeros, los resultados de la investigación no siempre salen como uno podría esperar. Puede ocurrir que, a pesar de la apariencia de efectos, no se obtenga significación estadística o que una banda identificadora de una proteína interesante se acompañe de un incómodo ruido de fondo. ¿Por qué renunciar a «maquillar» algunos datos de forma que no se pierda todo el trabajo realizado? La respuesta es obvia: por pura ética. Pero la tentación está ahí y con frecuencia se cae en ella. Una tentación que puede ser mayor o menor haciendo caer tanto a científicos noveles como a investigadores de prestigio en una falsificación que va desde un retoque menor hasta una fabricación literal de resultados. Lamentablemente no es una práctica infrecuente. En los EE. UU., la oficina de integridad de investigación (ORI, Office of Research Integrity) evalúa todos los casos que se le envían desde instituciones para determinar si ha habido mala conducta en algún proyecto de investigación científica. El instituto

Gallup patrocinó una encuesta en 2006 cuyo resultado, obtenido a partir de las respuestas de 2.212 científicos, reveló que un 8.7% de ellos habían sido testigos de casos de mala práctica en su propio departamento en los últimos tres años y que la habían observado en todos los rangos académicos. De los resultados obtenidos y con una estimación conservadora los autores concluyeron que es de esperar que se produzcan más de dos mil casos de mala conducta científica por año.[99] En Europa no existe un departamento similar a la ORI y el problema de mala conducta se trata diferencialmente en los distintos países. No obstante se reconoce con carácter general que éste es un problema serio a la vez que difícil de resolver. Las apelaciones al comportamiento ético no bastan y la judicialización basada en protección de denunciantes intramuros es la única vía que se vislumbra con cierta eficacia.

El sistema idóneo de detección de fraude descansa en un elemento fundamental del propio método científico: la replicación. Pero ésta no siempre se da. Por una parte parece no tener sentido replicar trabajos que nadie considera importantes y eso ocurre aproximadamente con la mitad de los artículos que se publican. Por otro lado, la replicación tiene menos visos de ser publicada en una buena revista que el trabajo que trata de comprobar. En términos generales, hay poca repetición en investigación, a pesar de su importancia. Sólo en casos de gran trascendencia y que parecen chocar con las teorías en vigor, la replicación se hace a veces de forma múltiple. Así ha ocurrido por ejemplo con los experimentos de lo que fue llamada «fusión fría». Además, los *referees* parten de la confianza en la honestidad del científico y no suelen pensar en la posibilidad de un fraude que casi siempre es difícil cuando no imposible detectar.

Históricamente ha habido casos más o menos llamativos de fraude científico, pero el palmarés se lo lleva hasta el momento el coreano Hwang. Terminando el siglo XX se empezaba a hablar de las posibilidades de la clonación terapéutica. Se trataba de obtener células madre que pudieran diferenciarse en medios de cultivo específicos hacia líneas celulares diversas que permitieran reparar tejidos alterados (islotes de Langerhans en diabéticos, células dopaminérgicas en el Parkinson, etc.). Al margen de criterios éticos, es posible técnicamente obtener células madre a partir de embriones congelados sobrantes pero, aun cuando esas células pudieran diferenciarse adecuadamente hacia la finalidad perseguida, habría el problema del rechazo inmunológico y por eso una posibilidad atractiva consiste en usar células madre del propio individuo que las necesite. En la vida adulta existen células madre, pero son difíciles de obtener y las miras siempre han estado puestas en tejidos embrionarios y por ello se barajó la posibilidad de hacer uso de una clonación terapéutica, consistente en utilizar óvulos de voluntarias, tras inducirles una ovulación múltiple, extirparles su núcleo e insertar en el citoplasma el núcleo procedente de una célula diferenciada del enfermo, de su piel, por ejemplo. El ambiente citoplásmico facilitaría la desdiferenciación del núcleo insertado y a partir de ahí se formaría un embrión clónico del donante. Esos clones se han conseguido en animales (oveja Dolly) pero barreras técnicas y éticas dificultaban seriamente lograrlo en seres humanos. Un grupo consiguió avances en esta línea pero que no fueron más allá de la obtención de fases muy preliminares (blastocistos) de unas pocas células.[100] En este contexto, causó sensación mundial la publicación de dos artículos en *Science* en 2004 y 2005 firmados por Hwang y bastantes más coautores prestigiosos en los que se demostraba haber clonado embriones humanos y haber podido dirigir células madre procedentes de ellos por distintas vías de diferenciación. Sin embargo, poco tiempo duró la alegría. Hubo alegaciones anónimas de mala conducta, incluyendo la forma de obtención de óvulos, y un comité de investigación de la Universidad Nacional de Seúl concluyó que los autores habían incurrido en mala práctica científica y que los dos trabajos tenían una significativa cantidad de datos fabricados. Como consecuencia, los editores de *Science* hicieron retractación de los dos trabajos y aconsejaron a la comunidad científica que los resultados descritos en ellos se consideraran inválidos. Donald Kennedy, *editor in chief* de *Science* escribió: «*Science* lamenta el tiempo que los revisores y otros gastaron evaluando estos trabajos así como el tiempo y recursos que la comunidad científica puede haber gastado intentando replicar esos resultados».[101] Hwang pasó así, en muy poco tiempo, de ser candidato al premio Nobel y considerado héroe nacional en su país, a ser despreciado y sancionado

Es importante reflexionar sobre este caso por las circunstancias especiales que supone, siendo quizá la principal que Hwang había demostrado con creces ser un científico brillante, lo que le permitió liderar un grupo prestigiado. ¿Por qué, siendo así y sabiendo que por la importancia implícita en el trabajo de clonación terapéutica, sus trabajos iban a ser sin duda replicados tarde o temprano, apostó a todo o nada? Quizá ni el mismo Hwang sepa con claridad por qué jugó tan fuerte, pero no es descartable que su fe en el método utilizado le hiciera ver que si él no publicaba esos resultados, falsos, otro grupo, siguiendo un protocolo análogo conseguiría resultados ciertos. Produciéndose probablemente publicaciones con resultados similares a corto plazo, aunque los suyos fueran falsos, él sería el primero y, al final, el resultado global sería el previsto por él: que la clonación terapéutica es posible y el premio Nobel estaría esperando, como siempre, al primero. O tal vez sus datos fabricados eran tan verosímiles (los *referees* de *Science* acogieron los dos artículos con gran rapidez) que quizá el mismo Hwang se los acabó creyendo.

El producto científico. La realización de lo posible

Las patentes biológicas, incluyendo métodos como la PCR, genes o fragmentos de ellos, semillas transgénicas o animales knockout muestran el cambio habido en pocos años pasando de descubrir algo a patentarlo, por un lado, y, por otro, a transformarlo en beneficio de un mercado. El interés comercial sólo se plantea beneficios a corto plazo y su mantenimiento, haciendo que los pollos engorden más rápidamente, que los peces se adapten a diferentes condiciones de salinidad, que las plantas de interés sean resistentes a herbicidas e insectos, que animales, plantas o bacterias se transformen en la práctica en fábricas de un producto determinado. La Ciencia ha hecho investigaciones en el laboratorio y observaciones en el campo. No hay bases suficientes que permitan extrapolar del laboratorio al campo las consecuencias de la incorporación de un determinado gen en una especie pero a pesar de eso se hace. Un cientificismo inmoral basado en investigación de laboratorio puede tener consecuencias ecológicas catastróficas por no haber tenido en cuenta todas las variables que intervienen a la hora de introducir en la Naturaleza una especie modificada genéticamente. Hasta ahora las relaciones ecológicas lo eran entre especies, cada una de ellas constreñida por su reproducción. La transferencia genética supera las barreras interespecíficas y con ello la compleja interacción ecológica puede derivar por derroteros insospechados, incluyendo a nuestra propia especie. No es tan lejano el tiempo en que se hablaba de la magnífica perspectiva que supondrían los xenotrasplantes, sin que se aludiera nunca a la posibilidad que abrirían a posibles epidemias víricas absolutamente novedosas. Al margen de indudables ventajas que pueden obtenerse para la humanidad en su conjunto, como la producción de insulina recombinante producida por bacterias en cultivo, no parece que los transgénicos se comercialicen para dar de comer a los pobres sino para hacer más ricos a los que ya lo son y para ello no se tienen en cuenta las consecuencias que su implantación en el medio ambiente puede tener a medio o largo plazo.

La Quimera, animal monstruoso hijo de Tifón y Equidna, tenía cabeza de león, cuerpo de cabra y cola de serpiente y expulsaba fuego por la boca. Yóbates, rey de Licia, envió a Belerofonte para que la matara. Éste, tras conseguir domar al caballo alado Pegaso con una brida de oro, mató cabalgando sobre él a Quimera introduciéndole por la boca un trozo de plomo que, derretido por el aliento del propio monstruo, abrasó sus entrañas.[102, 103] En la actualidad no es impensable pensar en una quimera real y no sólo mitológica, tal vez exceptuando la posibilidad de que expulse fuego por la boca. Hace ya años se obtuvieron células híbridas resultantes de la fusión de células de distintas especies. Ciertos cultivos de estas células, los hibridomas, se usan para la producción de anticuerpos monoclonales. No parece inviable ir más allá de la fase celular y, si fuera posible hacer una quimera hombre-mono o, en general, de un ser humano con cualquier especie, ¿por qué no hacerla? Sólo hay un freno que es el ético, pero se ha comprobado repetidamente su debilidad, ya que suele ocurrir que si algo es posible alguien lo hará. Por eso, desde una posición ética, dos personas, Jeremy Rifkin y Stuart Newman, han incidido pragmáticamente en la posibilidad de lucro inherente a crear semejante engendro y en 1997 solicitaron patentar treinta manipulaciones que cubriesen todas las posibles combinaciones de quimera animal-humano utilizables para investigación biomédica. Su propósito era que, o bien se denegaba su solicitud, como ocurrió finalmente, o bien se aceptaba, lo que les permitiría durante veinte años bloquear tal tipo de proyectos.[104, 105] Pero incluso una quimera puede palidecer frente a las posibilidades abiertas por la incipiente Biología Sintética. La Química fue analítica antes que sintética. La síntesis representa un poder humano que parece acercarlo al divino. No es crear de la nada, pero sí transformar lo dado para obtener algo que no existía. El desarrollo de la Química orgánica transformó nuestro mundo, haciéndolo en cierto modo de plástico.La síntesis en 1828 de algo tan simple como la urea por parte de Wöhler, quebró definitivamente el argumento vitalista. La Bioquímica, sin embargo, permaneció esencialmente analítica aunque contribuyera al mecanicismo biológico.

La síntesis soñada siempre fue la síntesis de vida a partir de componentes elementales. En los años setenta la aparición de los métodos de ADN recombinante dieron lugar a una primera aproximación, aunque tosca, a este sueño. Un ADN modificado podía insertarse en bacterias o levaduras e inducirlas a producir una proteína concreta. Esa primitiva biotecnología ha tenido una importancia trascendental en aplicaciones; muchos fármacos son producidos de esta forma, y ese es sólo uno de muchos ejemplos prácticos. A medida que se iban conociendo los mecanismos moleculares de los sistemas biológicos y su organización en subestructuras celulares, fueron surgiendo visiones integradoras que trataban de relacionar en una «Biología de Sistemas» los datos conocidos. A la vez se dio también otra analogía importante con la microelectrónica. Así como el hardware, por muy complejo que se haga, no es sino una relación de elementos simples, resistencias, transistores, etc., que las técnicas microelectrónicas están llevando al límite de miniaturización, también los componentes de una célula pueden ser considerados elementos básicos de construcción biológica para dar lugar a seres vivos novedosos.[106, 107] En esa línea, el Instituto Tecnológico de Massachussets ha creado un registro de componentes utilizables en síntesis biológica: sistemas de medida, dispositivos (inversores, detectores, generadores de proteínas...) y componentes (reguladores, ADN, ARN, lugares de unión a ribosomas...).[108] La idea es construir a partir de esos elementos básicos, de forma análoga a como se construye en microelectrónica. La complejidad inherente hace considerar muy difícil la síntesis de una célula a partir de sus componentes, siendo mucho más factible transformar las células ya existentes en maneras insospechadas mediante componentes básicos y en ese sentido hay que tener en cuenta que las células son sistemas muy robustos como para albergar en su citoplasma estructuras así construidas que puedan inducirlas a un comportamiento radicalmente diferente. Basta, por ejemplo, en pensar en las posibilidades que puede ofrecer expandir el código genético de las cuatro bases actualmente utilizadas en la Naturaleza a un mayor número de ellas. Numerosos laboratorios se han puesto a trabajar en diferentes líneas de Biología Sintética de la que se ha dado la siguiente definición de consenso por un grupo de expertos: «Es la Ingeniería de la Biología: la síntesis de sistemas complejos, biológicamente basados o inspirados, que desarrollan funciones que no existen en la Naturaleza. Esta perspectiva puede aplicarse a todos los niveles de jerarquía de estructuras biológicas: desde moléculas individuales a células enteras, tejidos y organismos. En esencia, la Biología Sintética permitirá el diseño de sistemas biológicos de un modo racional y sistemático».[109]

Es imposible en la actualidad intuir a dónde nos llevará la síntesis biológica, pero muy probablemente será a un mundo mucho más novedoso que el que nos ha aportado la síntesis química, siendo ilustrativos del camino abordado los logros obtenidos por el grupo de Craig Venter. Trabajaron en un microbio, el Mycoplasma genitalium, con la finalidad de encontrar la dotación genética mínima necesaria para construir un microorganismo y en el caso de este microbio mostraron lo que parecía un genoma esencial, excluyendo genes innecesarios o redundantes.[110] Pero siendo el genoma esencial de Mycoplasma relativamente pequeño y pudiendo sintetizarse grandes fragmentos de ADN de secuencia determinada, ¿por qué no dar el paso de sintetizar de novo un genoma entero y ver si, introducido en un citoplasma, puede dar lugar a un ser vivo nuevo? O dicho de otra forma, ¿un inicio de síntesis de vida? En 2008 el equipo de Venter publicó en *Science* un método de construcción de grandes moléculas de ADN a partir de fragmentos sintetizados químicamente y de combinaciones de segmentos naturales y sintéticos de ADN.[111] Según indican en la web de su instituto, este trabajo sería la segunda de tres etapas para conseguir un organismo completamente sintético. En la tercera el equipo intentará crear una bacteria viva basada enteramente en el genoma sintético.[112] Un poco antes de esta publicación, en octubre de 2007, Venter comunicaba en el periódico *The Guardian* que pensaba que ésta era «una etapa filosófica muy importante en la historia de nuestra especie. Pasaremos de leer nuestro código genético a poder escribirlo. Eso nos da la capacidad hipotética de hacer cosas nunca contempladas anteriormente». Las implicaciones potenciales no importan mucho: «Estamos manejando grandes ideas. Intentaremos crear un nuevo sistema de valores para la vida. Al tratar a esta escala, no se puede esperar que todo el mundo esté contento».[113]

Hemos pasado de una era científica a otra marcada por su íntima relación con el Mercado. Surge un cientificismo mercantil en el que la Ciencia sirve para realizar lo posible y venderlo. Las afirmaciones de Venter son ilustrativas de lo que ya está ocurriendo. La Ciencia ha dejado de leer el libro de la vida, de admirarse ante ella. Ahora quiere escribirlo. Renace Frankenstein pero de modo real, no literario. Muchos científicos, como Venter, se creen con derecho a transformar lo viviente. Ese es el nuevo producto científico, vendible como artículo de gran impacto y quizá premio Nobel y vendible también como patente.

La responsabilidad de los científicos es obvia. Son ellos quienes más próximos están a la elección ética relacionada con la elección de líneas de avance científico, quienes pueden primar sus objetivos de investigación desde una referencia ética o, por el contrario, jugar a ser dioses ante un mundo embobado con lo inédito. Son ellos quienes pueden hacer de la divulgación enriquecimiento cultural o, por el contrario, predicar una ideología cientificista. Pero sin ser científico, sin investigar en ningún campo de la Ciencia, también se puede opinar sobre ella, también se puede valorar qué es lo primero, a qué o a quién adoramos, porque en el marco cientificista la Ciencia es religión, sus divulgadores sacerdotes y sus resultados la única esperanza.

5. Proyecto, azar y tecnociencia

Proyectos, azar e inconsciente

Es habitual hablar de proyectos al referirse a la Ciencia, tanto en la petición de ayudas para trabajos de investigación, como en los planes de I+D de un país para un período concreto. Bajo el término proyecto subyace la idea de un crecimiento incremental de la Ciencia; a partir del conocimiento existente pueden establecerse hipótesis que serán contrastadas mediante la aplicación del método científico, lo que exigirá unos recursos y la consiguiente financiación. La escala de un proyecto abarca desde algo realizable por un científico en un corto período de tiempo hasta un macroproyecto internacional planteado a largo plazo, siendo un buen ejemplo de este último la construcción del gran colisionador de hadrones (LHC).

Desde que experimentos de dispersión de partículas alfa revelaron a Rutherford la naturaleza nuclear del átomo,[1] se sabe que para profundizar en el conocimiento de la naturaleza de partículas subatómicas hay que romperlas literalmente en pedazos. El problema reside en que esos choques suponen acelerar los componentes a enfrentar y detectar los productos que resultan de la colisión, lo que implica la construcción de aceleradores de partículas y de detectores de los fragmentos producidos en el choque. Por la propia naturaleza de las cosas (la fuerza nuclear fuerte esencialmente), el tamaño del acelerador y la sofisticación de los detectores crecen conforme lo hace el poder de resolución deseado. La Física Nuclear floreció en Europa hasta que, tras la segunda guerra mundial, pasó a desarrollarse esencialmente en EE. UU. Diferentes personas intentaron recuperar el protagonismo europeo en este campo. Según Oppenheimer, la solución consistía en encontrar una forma por la que los científicos europeos pudieran colaborar entre sí. François de Rose comunicó esta impresión al ministro de asuntos exteriores francés, Robert Schuman, uno de los fundadores de la Comunidad Europea, a quien le pareció una buena idea e impulsó los encuentros entre De Rose y Francis Perrin, director de la comisión de energía atómica francesa, dirigidos a buscar el apoyo de colegas de otras capitales europeas. El 17 de diciembre de 1951 tuvo lugar un encuentro en la sede de la UNESCO en París en el que se debatió la idea. De Rose presidió un encuentro en el que estaban presentes científicos de la talla de Heisenberg y Bohr y en cuyo desarrollo se reconoció la conveniencia de una colaboración entre países que permitiera la construcción de un equipamiento inaccesible a cualquiera de ellos por separado. Dos meses después, once gobiernos europeos acordaron establecer un consejo provisional (Conseil Européen pour la Recherche Nucléaire o CERN), Suiza facilitó la elección de Ginebra como lugar para construir el laboratorio en 1952, y en 1953 la convención CERN se ratificó por los doce estados miembros fundadores. El primer acelerador tipo ciclotrón fue operativo en 1957.[2] Carlo Rubbia, premio Nobel de Física, fue nombrado director general del CERN en 1989 y supo desde esa plataforma contagiar su entusiasmo por la construcción del LHC, al que juzgaba como seriamente competitivo frente al supercolisionador superconductor (SSC) que estaba en proyecto en EE. UU. En diciembre de 1991, el CERN adoptó una resolución que reconocía al LHC como «la máquina adecuada para el avance del sujeto y futuro del CERN».[3] Actualmente, el LHC está iniciando su trabajo.

El LHC es el último instrumento en una especie de carrera que se ha dado a ambos lados del Atlántico por desentrañar los misterios de la materia. Una competición en la que el proyecto Manhattan fue un antecedente. Hay analogías con otras dos grandes metas: llegar a la Luna y secuenciar el genoma. El impulso inicial para poner un hombre en la Luna no surgió del afán de saber sino más bien desde la carrera armamentística. Las raíces del proyecto Genoma se hunden en los estudios de mutaciones en *hibakusha* (supervivientes de los bombardeos nucleares de Hiroshima y Nagasaki). El LHC, más allá de todo el debate político que lo hizo posible, representa el esfuerzo conjunto interdisciplinario con el objetivo de saber cómo está constituida la materia. En esencia es eso y nada más, al margen de intereses de prestigio de los países en colaboración. Ha sido un éxito por parte de los diferentes directores del CERN lograr convencer a los gobiernos y fundaciones que financian sus proyectos de la ventaja de hacerlo. El CERN, la investigación de Física de Partículas en general, constituye quizá el mejor ejemplo de unión de esfuerzos técnicos, científicos y económicos en busca del saber básico.

El gran proyecto del LHC, como el proyecto Genoma, son claros exponentes del valor de la previsión a la hora de hacer Ciencia. En ambos casos, se conocían los objetivos y lo que había que hacer para lograrlos. Los elementos azarosos jugaron su papel tanto en el desarrollo metodológico como en su financiación (el SSC fue un gran proyecto abortado por razones político-económicas) y en magníficas consecuencias inesperadas como la world wide web, pero sin duda alguna, el éxito final dependió en buena medida de un buen proyecto inicial.

Teniendo en cuenta estos macro-proyectos, por un lado, y, por otro, el crecimiento exponencial en publicaciones científicas sobre cualquier materia, parecería que, pasada la época de impactantes descubrimientos, como la radiactividad o la penicilina, el progreso de la Ciencia actual es incremental, proyectado y no contingente, pero no es así. Un precedente del microscopio de fuerza atómica fue el llamado de efecto túnel por el que se otorgó el premio Nobel de 1986 a Gerd Binning y a Heinrich Rohrer. Resulta especialmente interesante, después de haber transcurrido más de veinte años, recordar el inicio de su conferencia Nobel: «Nuestra narración no supone una recomendación sobre cómo debería hacerse investigación, simplemente refleja lo que pensamos, cómo actuamos y lo que sentimos. Sin embargo, sería ciertamente gratificante si animase a una actitud más relajada hacia la forma de hacer Ciencia. Quizá fuimos afortunados en tener un entrenamiento común en superconductividad, un campo que irradia belleza y elegancia. Para la microscopía de efecto túnel llevábamos alguna experiencia en efecto túnel y angstroms, pero ninguna en microscopía o Ciencia de Superficies. Esto probablemente nos dio el ánimo y la sinceridad para empezar algo que «no funcionaría en principio» como se decía frecuentemente».[4] Son palabras que resaltan el valor de la curiosidad en el descubrimiento científico, desde la cual puede acometerse algo «que no funcionaría en principio» con esperanza de hacerlo realidad. Sólo desde la ilusión pudo conseguirse algo así. Binning se refiere al encuentro con Rohrer de la siguiente manera: «Su forma de ver la Física, combinada con su humanidad y sentido del humor, restauró completamente mi curiosidad algo perdida por la Física». Rohrer, por su parte, señala: «En todos los años en IBM Research, he apreciado especialmente la libertad para continuar con las actividades que encontré interesantes». Son notas autobiográficas breves para la Fundación Nobel. En ellas condensan los premiados los aspectos de su vida que consideran esenciales para el trabajo que han hecho, resaltando la importancia de la curiosidad, la libertad, la humanidad y el sentido del humor. Sus trayectorias no se enfocaron al principio hacia el microscopio de efecto túnel, una idea que surgió después de peripecias diversas que incluyeron la propia relación personal entre los autores cuyas trayectorias no estaban predeterminadas a la consecución de algo tan importante como la aplicación del efecto túnel. Ésta vino de la mano de una curiosidad compartida y del azar que propició los encuentros personales.

Los grandes descubrimientos en Ciencia no surgen en general de una planificación fría hacia un objetivo. No basta con crear un algoritmo que responda a una pregunta. El descubrimiento importante requiere todo lo que supone ser humano, incluyendo lo inconsciente y la contingencia. La curiosidad es el gran elemento dinamizador de la búsqueda científica y tiene la virtud de la apertura a lo novedoso, a descartar lo inicialmente planificado a favor de algo más atractivo; la relación personal puede estimular un intercambio de ideas esencial para un descubrimiento, un sueño puede revelar la solución a un enigma, un callejón sin salida aparente puede solucionarse con una revelación instantánea e inesperada, alguien puede desarrollar una técnica que acabe siendo vital para una investigación en un campo diferente, un descubrimiento por el que no se muestra interés puede revelarse crucial al cabo de años. Todo eso revela la importancia de elementos personales y ambientales que no se reflejan casi nunca en los artículos resultantes de la investigación científica, pero que resultan esenciales para que ésta tenga lugar. No basta con la racionalidad. Para que haya Ciencia se necesita una extraña mezcla de razón, azar e inconsciencia. Ignorarlo supone admitir sólo la posibilidad incremental y no revolucionaria del avance científico.

Hay una gran cantidad de estudiosos dedicados a pensar sobre la Ciencia. Kuhn, Feyerabend, Bunge y tantos otros han contribuido de forma muy valiosa a hacer Filosofía de la Ciencia, una tarea extremadamente interesante para entender cómo se desarrolla la Ciencia y cómo es posible el conocimiento. En la época actual, sin embargo, está primando a la hora de financiar la investigación un criterio cientificista difuso que reduce a la propia Ciencia a algo perfectamente planificable en donde sólo parece haber preguntas claras y unos métodos definidos para resolverlas adecuadamente.

Probablemente el rechazo cientificista del valor de lo azaroso y de la creatividad y necesidades inconscientes, en el marco de un reduccionismo centrado en la pregunta a resolver aquí y ahora, orientado a lo inmediato, sea la actitud más anticientífica posible desde el punto de vista metodológico. Y resulta que es abundante en muchas áreas científicas, especialmente las de I+D en Biomedicina. En 1971, Nixon lanzó una campaña contra el cáncer. Decía que «ha llegado el momento en América en que el mismo tipo de esfuerzo concentrado que rompió el átomo y puso al hombre en la Luna, se destine a la conquista de esta terrible enfermedad».[5] Una intención magnífica pero no realista porque la lucha contra el cáncer no es similar a alcanzar la Luna ni a construir el LHC. En estos dos casos el objetivo está claro, pero también los medios fundamentales para lograrlo al conocerse los mecanismos teóricos básicos. Eso no sucedía en el cáncer y sigue sin ocurrir a pesar de grandes avances, y a día de hoy la guerra lanzada por Nixon no se ha ganado. La profesionalización es, de forma ambivalente, estímulo y freno al desarrollo científico. Las publicaciones son numerosísimas, los descubrimientos hechos en Biología Fundamental muy importantes, pero tal vez haya habido pocas vías a la libertad y curiosidad para que muchos pensaran de forma diferente a la habitual. Por ejemplo, los grandes avances conseguidos gracias a la visión molecular han hecho del reduccionismo químico, basado en el estudio de genes, proteínas e interacciones moleculares el enfoque fundamental o más bien el único en la práctica dándose un abandono de enfoques biofísicos (exceptuando los estudios sobre radiobiología) y de biología comparada.

En cierto modo, la Ciencia sufre un proceso evolutivo similar al biológico. Al lado de callejones sin salida, se dan con mucha frecuencia «mutaciones» en forma de hallazgos o ideas geniales que, según las circunstancias, también azarosas en gran parte, pueden ser seleccionadas o no. En el primer caso, transformarán algún sector de la Ciencia hacia alguna línea concreta. Se necesita una buena dosis de contingencia y receptividad o posibilidad de aceptación. La relación energía-frecuencia de la radiación del cuerpo negro podría considerarse uno de tantos problemas sin mayor relevancia; sin embargo, con la adecuada explicación de esa relación nacía la Mecánica Cuántica. Las leyes de Mendel, a pesar de su interés, hubieron de ser redescubiertas por otros investigadores. La importancia de los transposones hizo que a Barbara McClintock se le concediera el premio Nobel por sus trabajos hechos unos cuarenta años antes sobre genes saltadores del maíz.

El sociólogo de la Ciencia Robert K. Merton popularizó en su campo el uso de la palabra «serendipity», a la que dedicó un libro escrito en 1958 en colaboración con una historiadora, pero que, por voluntad propia no se editó hasta 2002 en italiano bajo el título *Viaggi e aventure della Serendipity*. Este término lo utilizó por primera vez Horace Walpole en una carta que le envió a Horace Mann en 1754 y proviene de un cuento oriental traducido al italiano como *Peregrinaggio di tre Giovanni, figlioli dil re Serendippo*. Walpole lo usaba para designar un descubrimiento continuo, casual y sagaz de cosas que no se estaban buscando. El término se introdujo en círculos humanísticos y sólo mucho más tarde fue aplicado al descubrimiento científico. Merton considera como *serendipity* «la experiencia común de observar un dato imprevisto, anómalo y estratégico que se convierte en ocasión de desarrollar una nueva teoría o de extender una existente».[6] Hay quien ha traducido el término a nuestra lengua como serendipia.[7] Se refiere esencialmente al valor de lo casual, de lo inesperado, de lo contingente, por tanto, en el avance científico. Los ejemplos abundan en todas las ramas de la Ciencia, pero principalmente en las que tienen carácter observacional, como la Astronomía o la Arqueología; uno de ellos es el descubrimiento del primer pulsar por Jocelyn Bell cuando estaba investigando los quasars con un radiotelescopio. La mayoría de sus registros estaban contaminados por molestas interferencias, pero al analizarlas con más detalle vio que alguna de ellas era periódica. Otro ejemplo importante es el descubrimiento de la radiación cósmica de fondo (uno de los pilares de la teoría cosmológica actual basada en el Big Bang) por Penzias y Wilson a partir del estudio de interferencias en una antena para comunicación con satélites.

Muchos avances importantes han debido mucho al componente azaroso, a la *serendipity*, tanto en descubrimientos (la penicilina, los rayos x, la radiactividad natural...) como en inventos (el kevlar, el velcro, el caucho vulcanizado...). Un «citation classic» es un artículo o un libro recogido como tal por el Institute of Scientific Information por haber sido citado un elevado número de veces. La selección se hace mediante un criterio ponderado que tenga en cuenta el factor de impacto de la revista a la que pertenece el artículo. A partir de esta información, J. M. Campanario ha estudiado el efecto de la serendipity en el descubrimiento científico y diferencia distintas circunstancias en las que el azar juega su papel: la observación sorprendente, el error exitoso e incluso interrupciones accidentales en una fase del trabajo de investigación.[8] La Historia de la Ciencia muestra el papel del azar en la investigación científica. A veces, la mala suerte da al traste con un experimento laborioso que hay que repetir, pero también puede ocurrir, como se ha visto, que presente novedades a la mente preparada, como decía Pasteur. Eso ha ocurrido en muchas ocasiones y si bien no se puede olvidar nunca la relevancia del investigador (no basta con que un hongo contamine unas preparaciones; se necesita tener una mente abierta para ver una posible ventaja en vez de descartar una placa contaminada), es un hecho incuestionable que la contingencia ha tenido un papel muy positivo en el desarrollo científico en todos los ámbitos, aunque se den diferencias entre las distintas disciplinas. Para la Arqueología o la Paleontología, la buena suerte del hallazgo inesperado es fundamental. En Astronomía, también lo inesperado ha jugado un papel relevante y lo mismo ha ocurrido en Química y Biología. A pesar de todo esto, hay una gran resistencia tanto en investigadores como en políticos a admitir el valor de lo contingente. La propia redacción del artículo científico descarta cualquier referencia a «salidas del guión», evitando incluso a veces la secuencia real de los procedimientos llevados a cabo. En un artículo convencional parece haber simplemente una respuesta mediante un método riguroso a una pregunta que surge frente a un problema derivado del estado de conocimientos de una situación concreta. Pero no suele ser así. Ocurre muchas veces que la pregunta es posterior a los resultados y fruto de una necesidad de redacción académica. Los artículos científicos son en general una elaboración a posteriori en donde se ofrece la verdad presentable y no toda la verdad. Sólo en ocasiones ésta se presenta en formato de libro, como ocurrió con el célebre texto ya citado en otro capítulo, *La doble hélice*, en el que Watson relata todas las argucias de las que se valió en una carrera fuertemente competitiva hacia la obtención del modelo del ADN. Tener suerte no siempre se reconoce, habiendo cierto pudor en admitir que uno no sólo es inteligente y trabajador sino también afortunado, por lo que las narraciones científicas suelen establecerse desde un hipotético determinismo racional, pero hay ejemplos en contrario, con investigadores que asumen el papel que ha tenido la buena suerte en su carrera científica. Uno de ellos lo proporciona Kary B. Mullis quien, por haber desarrollado la reacción en cadena de la polimerasa (PCR), recibió el premio Nobel en 1993. La PCR ha supuesto una revolución metodológica en Biología y Medicina al permitir amplificar selectivamente regiones concretas de ADN (basta con conocer las secuencias de sus extremos). Sin embargo, su descubridor, Mullis, no había tenido como objeto de su investigación la amplificación de ADN. Trabajaba en Cetus Corporation sintetizando sondas de oligonucleótidos y estaba interesado en una modificación del método de secuenciación de ADN elaborado por Sanger. Fue pensando sobre las posibilidades técnicas de identificar una base concreta del ADN a la que se uniese un cebador dado cuando chocó con la perspectiva de amplificación, como él mismo narró en su conferencia Nobel.[9] En un artículo de divulgación sobre la forma en que desarrolló el método, dice literalmente: «A veces, las buenas ideas surgen por casualidad. En mi caso ocurrió así: gracias a una rara combinación de coincidencias, ingenuidad y felices errores, me vino la inspiración un viernes de abril de 1983 mientras, al volante del coche, serpenteaba a la luz de la luna por una carretera de montaña de California que atraviesa un bosque de secuoyas. Me di de bruces con un proceso que permite fabricar un número ilimitado de copias de cualquier gen: la PCR».[10] El escaso tiempo transcurrido desde que tuvo lugar la inspiración hasta el reconocimiento con el premio Nobel da cuenta de la importancia de lo descubierto, en este caso no un conocimiento concreto sino un método que se ha mostrado crucial en el desarrollo de la Biología Moderna y en sus aplicaciones al diagnóstico médico, incluyendo el forense.

En su afán por reconocer a la Ciencia como única referencia, el cientificismo se muestra también crudamente en la forma pretendidamente científica con que se planifica la investigación. Los fondos han de ser adecuadamente administrados y para ello los oportunos comités de «expertos» analizan proyectos que deben encuadrarse en un plan estratégico con objetivos claramente definidos a corto plazo y enmarcados en un protocolo perfectamente presentado, pero precisamente esa visión centrada en problemas concretos y en escalas de tiempo dadas va en contra de cómo se ha hecho la gran Ciencia, pues al negar la contingencia se cierran muchas posibilidades a la imaginación y a la curiosidad de tal modo que las memorias presentadas para solicitar fondos vienen a ser anticipos de publicaciones próximas con resultados esperados, por lo que el artículo final no es sino la memoria inicial completada con resultados y una discusión esperada de los mismos. La investigación oncológica es un ejemplo dramático de los resultados de esas planificaciones. Los principales avances en el conocimiento básico y en terapias oncológicas han tenido mucho más que ver con lo casual que con lo planificado, y el ingente número de publicaciones sobre cáncer no se ha traducido en un avance terapéutico suficiente. Cuando Bernadine Healy, en la dirección del NIH, desarrolló un plan estratégico de investigación médica, un grupo de líderes en ciencias básicas y clínicas se reunió en San Antonio para considerar objetivos específicos para las próximas décadas. Arthur Kornberg era uno de los asistentes. En 1959 compartió el premio Nobel con Severo Ochoa y en 2006 tuvo la fortuna de ver premiado con tan alto galardón a su hijo Roger D Kornberg. En su intervención en el NIH señaló que el mejor plan de investigación para varias décadas es no tener plan, indicando que «puede parecer irracional y poco práctico para resolver un problema urgente, como una enfermedad, perseguir cuestiones aparentemente no relacionadas en biología básica o química. No obstante, seguir la curiosidad sobre hechos básicos de la naturaleza ha probado ser, a lo largo de la historia de la ciencia médica, el camino más práctico y más rentable para lograr buenos instrumentos y fármacos».[11]

Puede decirse que, como la vida misma, la Ciencia depende de lo azaroso para su evolución y que, con respecto a las características personales de quien la hace, tiene que ver mucho menos con la consciencia que con la inconsciencia del investigador. Aunque las mentes hayan de estar preparadas, es lo inconsciente de cada cual lo que permite la ensoñación de posibilidades, el encuentro casual o la iluminación súbita pero también lo que, por el contrario, puede hacer persistir en el error metodológico o en el fracaso permanente a pesar de las buenas condiciones del científico, en una repetición de lo peor. Mientras no se tenga en cuenta el valor de lo inconsciente en el desarrollo científico, la Historia de la Ciencia será un constructo idealizado muy ajeno a la realidad por la que se rige el avance científico. Todo lo humano nace del corazón y no sólo la poesía, también la Ciencia. Se necesita ser Gödel para desarrollar el teorema de incompletitud como se necesita ser Brenner para ver en un nematodo un magnífico modelo experimental o para demostrar con sencillez y elegancia la existencia del ARN mensajero. Para obtener buena Ciencia no basta con hacer, desde la planificación política, grandes centros de investigación y poner mucha gente preparada a investigar para obtener un objetivo concreto. Sin embargo eso es lo que habitualmente se persigue: investigación masiva e incremental desde la perspectiva cientificista basada en el enfoque ingenuo de que la Ciencia es algo perfectamente planificable, tratando de hacer rigurosamente científico el propio proceso de creación de la Ciencia, olvidando la necesidad que ese proceso tiene de todo lo propiamente humano, incluyendo de forma muy especial lo que al ser humano mismo le es inconsciente. Ese es el mal radical del cientificismo metodológico: la arrogancia de su fe racionalista le hace olvidar no sólo que la Ciencia nunca alcanzará la omnisciencia, sino que quien la hace, el hombre, es un ser que en general actúa por motivos que le son inconscientes hasta tal punto que lo que parece contingencia puede ser en muchos casos simplemente el resultado de una búsqueda inconsciente. No siempre es de la curiosidad ante un fenómeno natural de donde surge la Ciencia. Lecturas inconexas, regalos, fantasías infantiles, mil circunstancias que conforman una biografía son importantes para que alguien haga Ciencia. Si a Einstein no le hubiesen regalado una brújula o a Koch un microscopio quizá hubiera que esperar más tiempo para disponer de la teoría de la relatividad y para conocer la causa de la tuberculosis. Si Gell Mann no hubiera leído el *Ulysses* nadie hablaría de quarks. Una fe muy poco científica de Schliemann en Homero le condujo a Troya. Évariste Galois se mostró muy poco racional al enamorarse de una «coqueta infame» pero lo hizo y murió en duelo por ella, teniendo que conformarse con una mala noche de angustia para dejar escritos seminales en teoría de grupos. Dian Fossey se hizo terapeuta ocupacional pero se dejó llevar por una pasión infantil por los animales y África, que le condujo a este continente, a pesar de sus dificultades económicas, en busca de su sentido. Lo encontró estudiando gorilas y conviviendo con ellos hasta que alguien que los prefería muertos por motivos comerciales también la asesinó a ella.

Pasteur habló de mente preparada, pero no existe esa preparación como algo posible desde el esfuerzo intelectual; es algo más sutil, inconsciente. Fleming no tenía protocolos mentales preestablecidos sobre cómo actuar frente a contaminaciones azarosas, simplemente se paró un día ante una placa en la que un hongo se acompañaba de un halo de lisis. Tal vez estuviera cansado y contempló. Parece que Bertrand Russell entendía bien la importancia constructiva del inconsciente: «Si tengo que trabajar en algún tema difícil, el mejor plan es pensar en ello con intensidad durante un tiempo y después dar la orden de que el trabajo continúe en el subterráneo. Después de algunos meses, vuelvo conscientemente al tema y descubro que el trabajo está hecho».

Todo científico importante se ha ido haciendo desde su biografía, bien sea buscando la belleza, bien desde circunstancias biográficas impactantes (Harold Varmus se dedicó a la investigación oncológica influido por la muerte de su madre a causa del cáncer) o incluso por la ambición de éxito como ha mostrado autobiográficamente Watson. Son motivos que no siempre se hacen conscientes pero que no tienen una relación directa con la mera curiosidad intelectual, despojada de contenidos emocionales, a la que frecuentemente se atribuye la investigación científica. Sólo cuando la dedicación a la Ciencia se concibe como una profesión para ganarse la vida, similar en ese sentido a cualquier otro trabajo, puede haber una disociación clara entre lo que uno hace y lo que uno es, pero esa disonancia impide la pasión creadora y, con ello, salvo algunas situaciones excepcionales, la gran Ciencia.

Lo inesperado surge también de los grandes proyectos de investigación, precisamente porque no se puede nunca planificar todo. Y esos efectos que nunca se imaginaron resultan de la necesidad de ir solucionando los problemas que van surgiendo en el desarrollo del gran proyecto. Nuevos materiales, instrumentos y métodos puestos en marcha para resolver los tropiezos que aparecen pueden tener aplicaciones en áreas imprevistas. Internet, surgido del CERN, es un buen ejemplo pero no el único; como consecuencia de las investigaciones del CERN se dieron avances importantes en la industria de semiconductores, en la utilización de la radiación sincrotón, en detectores para técnicas de imagen médica, en computación paralela, en criogenia, geodesia, etc. En todos esos ejemplos se observa el valor de lo contingente a posteriori. Algo parecido ha ocurrido en proyectos de menor envergadura instrumental; por ejemplo, los relojes atómicos que fueron diseñados para tratar de comprobar la teoría de la Relatividad General, una finalidad esencialmente epistémica, han dado lugar como efecto secundario a los sistemas de localización basados en GPS. De forma aparentemente paradójica, la investigación básica reporta muchas más aplicaciones que la aplicada.

Contingencia y Tecnociencia

Desde los griegos se ha diferenciado en mayor o menor grado el conocimiento teórico del saber práctico. Episteme, techne, poiesis, phronesis... son términos que han sido usados para referirse diferencialmente a la variedad de conocimientos y sus aplicaciones a la transformación del mundo y del hombre. Al margen del Arte, de lo poético, siempre se ha diferenciado con cierta claridad entre lo epistémico, entendido como el conocimiento teórico, y lo técnico, resultante de un saber empírico aplicado que necesita o no del saber teórico. Llevando la diferencia a un ejemplo extremo, cabría hablar de técnica en el caso de la alfarería y de teoría para el análisis matemático. Siempre ha habido cierta desconsideración desde lo epistémico hacia lo técnico y ya para Aristóteles, según William K. C. Guthrie, el conocimiento práctico que se necesitaba para una τέχνη se hallaba a un nivel inferior que la ἐπιστήμη.[12]

La técnica ha transformado el mundo a lo largo de la Historia, mediante la aplicación de un saber empírico que ha sido principalmente fruto de ensayo y error, obtenido gradualmente a veces y de forma revolucionaria otras. Las materias primas han sido de gran trascendencia en la Historia de la Técnica y su diferente uso ha dado lugar a denominaciones de «Edades» históricas: el Paleolítico, la Edad del Bronce, la Edad del Hierro, etc., se diferencian entre sí esencialmente por el recurso a unas tecnologías y unos materiales concretos. Al margen de la Ciencia, se supieron construir barcos y casas, se hicieron ciudades con acueductos y puentes, catedrales, armas, recipientes... La madera, el barro y los metales se trataron para hacer espacios habitables, herramientas y objetos de uso cotidiano.[13]

El saber teórico fue elitista durante muchos siglos, reduciéndose su acceso a grupos sacerdotales o a filósofos desocupados que consideraban despectivamente el trabajo manual. Antes de la aparición del método científico, las aplicaciones prácticas del saber teórico eran limitadas. La navegación y el calendario se beneficiaron de los conocimientos astronómicos y unas Matemáticas incipientes fueron suficientes para intercambios contables, reparto de tierras y construcciones arquitectónicas, muchas de ellas extraordinarias. Pero hasta muy recientemente en la Historia humana, lo técnico y lo epistémico siguieron caminos bastante independientes. Las bellas ecuaciones de Maxwell fundamentan todo el uso que hacemos del electromagnetismo, desde los electrodomésticos hasta las telecomunicaciones, pero desde el punto de vista histórico han sido poco relevantes en comparación con los experimentos de Faraday para poner la electricidad a nuestro servicio.

El desarrollo de las Ingenierías, la Arquitectura, la Agricultura o la Medicina ha ido de la mano de la aplicación de la Ciencia. Lo científico ha ido refinando un empirismo antiguo facilitando la modernización de todos los campos técnicos. Tan importante resulta ya la Ciencia frente al empirismo antiguo que todas las licenciaturas técnicas y las relacionadas con la salud comprenden en su programa de estudios un buen número de asignaturas de Matemáticas, Física, Química y Biología. Pero las ciencias básicas se centran en sí mismas, al margen de las aplicaciones que de ellas deriven. La Biología y la Física tienen sus mundos aunque puedan, con sus avances, transformar campos tan importantes como la Medicina, y precisamente para mirar el mundo que le es propio cada disciplina científica requiere de instrumentos que faciliten esa mirada; los cuadrantes sirvieron para dirigirla y los telescopios para llevarla más lejos, mientras que los microscopios permitieron saber que la célula es la unidad de vida. La difracción de rayos x aumentó el poder de resolución permitiendo elucidar la estructura del ADN y de las proteínas, y los microscopios de fuerza atómica y de efecto túnel han permitido literalmente ver átomos. Pero la mirada en Ciencia no se dirige sólo a imágenes, sino también a medidas de múltiples variables a cada una de las cuales se asocia la construcción del instrumento correspondiente, desde espectrofotómetros o balanzas hasta contadores de partículas o interferómetros. Muchos de esos instrumentos han tenido sólo una aplicación, como la balanza de torsión de Cavendish. Hay otros que, por el contrario, son de uso múltiple, como los fotomultiplicadores. Y evolucionan, se modifican, se perfeccionan, se sustituyen, caen en el olvido o pasan a formar parte de museos científicos. Desde que puede hablarse de Ciencia en sentido moderno, la mayoría de los instrumentos usados por los científicos han sido desarrollados de modo artesanal, al menos al principio, siendo un buen ejemplo al respecto la microscopía. Cuando Leeuwenhoek y Robert Hooke construyeron sus microscopios desconocían su fundamento, que fue comprendido por primera vez por Ernst Abbe; actualmente la microscopía constituye un campo desarrollado de la Óptica con derecho propio.[14] Lentamente la teoría sirvió para comprender los fundamentos de todas las formas de microscopía y desarrollarla de forma extraordinaria permitiendo superar incluso límites al poder de resolución que la propia teoría había mostrado inicialmente como infranqueables.[15, 16] Esta situación es general para la mayoría de los instrumentos científicos desarrollados en el siglo XX, pero progresivamente a lo largo de ese tiempo tuvo lugar una simbiosis mucho más estrecha entre la teoría y la aplicación para el avance científico, de tal forma que en los años setenta empezó a cobrar fuerza un término, «tecnociencia», que, aunque introducido como tal por Gilbert Hottois,[17] y llevado al ámbito filosófico por Lyotard y Latour, expresa la íntima relación del realismo científico con el desarrollo instrumental.

En la actualidad la instrumentación científica tiene ya muy poco de artesanal. La óptica adaptativa, la detección de neutrinos o el telescopio Hubble son ejemplos del resultado de la aplicación de la Ciencia al propio desarrollo de instrumentos a su servicio, es decir, de Tecnociencia. En la mayoría de los campos científicos se ha llegado a una situación en la que el avance epistémico depende íntimamente del propio desarrollo instrumental. Sin aceleradores y detectores de partículas modernos, los quarks serían aun mera especulación teórica, pero esos instrumentos son a su vez el resultado de un conocimiento teórico aplicado al diseño de sus componentes. Ya no es concebible la Ciencia sin una Técnica científica que le proporciona instrumentos.

El término «Tecnociencia» pone de relieve la íntima conexión necesaria entre lo técnico y lo epistémico para el avance del conocimiento y de sus aplicaciones. Se ha entrado en un círculo virtuoso en el que el avance epistémico contribuye al técnico y viceversa, siendo el nexo de unión la instrumentación científica. Esa relación estrecha tiene dos implicaciones importantes en sendos ámbitos, epistémico y técnico.

Hasta ahora, la Técnica instrumental relacionada con la Ciencia ha ido dirigida por ella, implicando grandes inversiones en la construcción de instrumentos tomando como base la confianza en un saber teórico. Ese es el caso, por ejemplo, de los detectores de ondas gravitatorias, aun no evidenciadas. Pero se ha entrado ya en una dimensión en que la Técnica puede dirigir la Ciencia que se vaya a hacer y no ya por mera dependencia instrumental, sino por creación de un mundo nuevo. La microelectrónica ha transformando nuestro mundo permitiendo la automatización de procesos y el desarrollo de la informática. La miniaturización de sus componentes (enfoque top-down) está próxima ya a alcanzar un límite físico, por lo que está cobrando gran fuerza un enfoque distinto basado, no en la reducción de microchips, sino en la construcción desde componentes básicos. Esta aproximación, *bottom-up*, es la nanotecnológica, llamada así porque opera a escalas nanométricas (un nanometro es la millonésima parte de un milímetro). En 1959, Rychard Feynman pronunció una conferencia («There's plenty of room at the bottom»)[18] en la que mostraba lo que supondría la posibilidad de manipular átomos. La tecnología de su época no lo permitía, pero la conferencia de Feynman se ha mostrado profética ya que anunció fenómenos y aplicaciones que actualmente son observables y manejables.

Es curiosa la importancia del carbono. Cuantitativamente, en un enfoque ingenuamente simplista, podría decirse que somos carbono, nitrógeno y agua con trazas de diversos elementos químicos. Lo hemos usado como fuente de baja entropía para generar calor y hacer trabajar máquinas. En su forma oxidada está dando mucho trabajo a todos los que se preocupan de entender el cambio climático atribuible principalmente al efecto invernadero. Lo utilizamos en nuestros lápices y la pasión por poseer su bella forma cristalizada, el diamante, sigue provocando numerosas injusticias y conflictos bélicos en zonas productoras. Toda la Química Orgánica ha pasado a llamarse Química del Carbono. La generación de nuevos materiales se ha debido precisamente a síntesis de compuestos de carbono. Nuestro mundo de plástico es esencialmente carbono transformado. Pero a pesar de todo eso, el carbono aun sigue deparando sorpresas recientes, cuya importancia todavía se explora. En 2005 moría Richard Smalley a causa de una leucemia. Veinte años antes, en la universidad Rice de Houston y en colaboración con Harold Kroto y Robert Curl

Jr., haciendo experimentos de vaporización de grafito con laser, obtuvo por primera vez moléculas de sesenta átomos de carbono (C_{60}). El parecido de esta estructura con las domas arquitectónicas diseñadas por el arquitecto Buckminster Fuller sugirió para el C_{60} el nombre de buckminsterfullereno. En 1991 Sumio Iijima obtuvo unos fullerenos cilíndricos que generalmente tienen al menos un extremo cerrado con estructura esferoidal; conocidos como nanotubos, existen en formas de una sola capa o en multicapas. Su diámetro es del orden de nanometros mientras que su longitud puede alcanzar varios milímetros. Tienen importantes propiedades físicas que los hacen útiles en multitud de aplicaciones, siendo una de las principales la nanoelectrónica.[19] En general, los conductores eléctricos pueden clasificarse en metales y semiconductores. Jugando con el diámetro y giro de un nanotubo puede conseguirse que se comporte como un metal o como un semiconductor por lo que pueden ser útiles en el diseño de sistemas electrónicos pero con una ventaja añadida y es la de su escala de trabajo, que pasa del ámbito micro al nanoelectrónico.

Nanotubos, «quantum dots», «microcantilevers», microscopios de fuerza atómica, son materiales e instrumentos que se han hecho habituales por su utilización en muchos laboratorios, materializando la visión de Feynman: adoptar un enfoque técnico de construcción a partir de componentes nanométricos (*bottom-up*) frente al tradicional de miniaturización (*top-down*), dando nacimiento así a la Nanotecnología. Pero en realidad la Nanotecnología ya había sido inventada por la propia naturaleza, ya que cualquier componente celular, como un ribosoma, es de hecho un instrumento que opera a escala nanométrica. La complementariedad de dos cadenas polinucleotídicas que hacen del ADN el soporte biológico de la información genética facilita a la vez el uso de moléculas de ADN como herramienta nanotecnológica, habiéndose conseguido tanto nanotubos de ADN como estructuras basadas en él con diferentes formas.[20-22]

El enfoque nanotecnológico está dando lugar a la aparición de materiales con propiedades absolutamente novedosas. Un ejemplo ilustrativo es el de los llamados meta-materiales, caracterizados por poseer un índice de refracción negativo,[23] lo que abre posibilidades al diseño de las llamadas superlentes e incluso a la invisibilidad de estos cuerpos. Nanotecnología y Nanociencias son términos que se refieren ya a lo mismo, a una integración íntima entre Ciencia y Técnica o, dicho de otro modo, a Tecnociencia.

La Nanotecnología supone la gran revolución en la que Ciencia y Técnica se confunden, lo que conlleva un serio cambio conceptual que ya había anunciado la ingeniería genética: la Ciencia inicia una era de transformación impredecible. Hasta ahora, las transformaciones basadas en la Ciencia tenían que ver con circuitos electrónicos y con reacciones químicas y es obvio que la Microelectrónica y la Química nos proporcionan un elevado porcentaje de las cosas que vemos y usamos cotidianamente. En ambos casos, sin embargo, se trata de procesos que manejan grandes volúmenes, bien de materia para conducir electrones, bien de materia para reaccionar químicamente o, lo que es lo mismo, generar interacciones electrónicas entre grandes cantidades de pocos tipos de moléculas diferentes. Con la Nanotecnología se asiste a otra posibilidad adicional que es la topológica: se pueden construir estructuras de diferentes formas para funciones determinadas; con el ADN como material nanotecnológico, se pueden hacer nanotubos, pero también cubos, octaedros u origamis. Nuevos fenómenos aparecen a esa escala llamada mesoscópica, intermedia entre lo molecular y lo macroscópico y que no son extrapolables desde el conocimiento molecular ni desde leyes macroscópicas.

Los materiales nanotecnológicos, al tener dimensiones similares a orgánulos subcelulares establecen el puente entre lo tecnológico y lo natural a escala celular, abriendo el panorama de posibilidades de investigación biológica básica y de aplicación diagnóstica y terapéutica.[24]

Importa recordar que la revolución nanotecnológica surgió y se desarrolla más por hallazgos que por proyectos. La idea de Feynman fue premonitoria, pero no era en sí un proyecto realizable y no fue pensando en lo que hubiera dicho Feynman cómo surgieron las piezas nanotecnológicas que poco a poco fueron configurando un nuevo panorama. En cualquier hoguera puede haber restos de fullerenos, pero fue preciso el hallazgo de Smaley. En unión con la Biología sintética, basada en la construcción de sistemas biológicos novedosos a partir de componentes, la Nanotecnología nos hará pasar de una época científica esencialmente analítica, de búsqueda primordial del conocimiento, a una nueva, sintética, en la que el conocimiento será secundario a la transformación posible y ante la extraordinaria gama de posibilidades abiertas, la Tecnociencia será mucho más sensible a lo contingente y a intereses inconscientes que la Ciencia de la que ha surgido.

6. Ciencia y poder

La relación de la Ciencia con el poder ha sido generalmente amistosa cuando no servil. El poder religioso fue favorable con el conocimiento siempre y cuando éste no entrara en sospecha desde la perspectiva dogmática. También se han dado frecuentes situaciones de amparo e impulso de la actividad científica por parte del poder político. El servicio de los científicos al poder, con desprecio en múltiples ocasiones de referencias éticas, se ha puesto crudamente de manifiesto en las dos guerras mundiales. En circunstancias de paz y libertad, los científicos sirven a su sociedad siguiendo generalmente líneas genéricas de investigación que esa sociedad prioriza.

Hasta finales del siglo XX el uso del conocimiento científico en aplicaciones tecnológicas era dirigido en general por personas ajenas a la Ciencia, siendo el debate político o la guerra los que decidían si era bueno o no eliminar a discapacitados, si procedía marginar a personas por razón de su raza o religión o si convenía desarrollar un arma atómica. Por otro lado, las grandes decisiones políticas y económicas en tiempos de paz sólo han tenido relación indirecta con la Ciencia. Lo mismo ocurría en el caso de la justicia. Alguien podía ser juzgado criminal o inocente dependiendo no sólo de que lo fuera realmente, sino también de una argumentación jurídica llevada con mejor o peor acierto. Ahora todo este contexto de lenguajes diversos y extra-científicos está cambiando. Desde la Ciencia se puede pronosticar una futura minusvalía y sugerir un aborto o una manipulación genética curativa. Igualmente son pruebas científicas las que determinan en muchos casos si un sospechoso es realmente un asesino. Desde la Ciencia se recomiendan decisiones políticas frente a un futuro cambio climático y desde ella se revelan los misterios del Cosmos y se alargan nuestras vidas. Es decir, el discurso científico lo está inundando todo, revelando su poder para decir donde está la verdad, la solución a cualquier problema humano. Esa capacidad facilita que estemos ya en camino hacia un discurso único, el científico, fuera del cual no hay nada relevante que decir. Siendo así, el poder de decisión sobre cualquier cosa pasa progresivamente a estar exclusivamente en manos de la Ciencia siendo el suyo el único lenguaje.

Esta evolución del conocimiento científico que lo invade todo y en el que hay fuertes tendencias reduccionistas que llegan a igualar la Ética a la Etología, hace de la Ciencia misma un poder ya no sometido a otros, sino abarcador de ellos. Lo que no es reconocido como científico simplemente no existe y si, como se suele decir, el conocimiento es poder, no cabe duda de que la Ciencia está asumiendo parcelas cada vez más importantes de poder, aun cuando no sean científicos quienes lo ejercen; las decisiones seguirán en manos de políticos y de juristas, pero serán dirigidas cada vez más desde la Ciencia. Al margen de las bondades que ello implique (por ejemplo, las técnicas forenses basadas en el ADN son de utilidad indiscutible en un juicio), existe también el peligro de que el lenguaje científico se inmunice a cualquier crítica externa, facilitando así el establecimiento paulatino de un autoritarismo científico disperso, aunque sea ejercido a través de los órganos de decisión política convencionales. Las condiciones para que esto ocurra ya se están dando

Condiciones para el autoritarismo científico

La Ciencia como sistema emergente

La Ciencia como conocimiento ya no es reducible a las actividades de los científicos. El crecimiento del conocimiento científico, aunque depende claramente del trabajo de investigación, llega a ser en la práctica independiente de las personas concretas que lo hacen y parece muy probable que si alguien no descubre algo, otro lo hará, siempre y cuando se den las circunstancias ambientales propicias. Ni siquiera las mentes geniales parecen imprescindibles. Ni Einstein, ni Newton, ni Darwin, ni Poincaré han sido conditio sine qua non para que se dé Ciencia. De no existir ellos, otros la habrían creado, mejor, peor, parecida y aunque fuera más tarde, hubieran surgido la teoría de la relatividad, la mecánica cuántica o directamente ninguna de las dos y sí una teoría de gran unificación. No es posible saberlo, dada la contingencia que acompaña al desarrollo científico y que se refiere tanto a personas individuales como a situaciones geopolíticas a gran escala.

Tal independencia relativa de la Ciencia con respecto a quien la va construyendo es claramente observable cuando se persigue un objetivo concreto, dándose frecuentemente una auténtica carrera competitiva por alcanzarlo, como ha ocurrido en el caso del modelo del ADN o en la investigación de la etiología del SIDA. En estos y otros muchos casos ocurre algo análogo a la conquista del Polo y es que se sabe que alguien lo logrará y el mérito será sólo para el primero. Por otro lado, los logros científicos pertenecen cada vez más a grupos que a individuos aislados. Eso hace que la Ciencia se diferencie claramente del Arte con respecto a la dependencia de la creatividad personal. Es muy probable que, de no existir Beethoven, nunca se creara en un tiempo finito de la Historia humana ninguna de las sinfonías que compuso. Las Matemáticas serían el único campo científico en que es más discutible la relativa independencia de su avance de investigadores concretos, permaneciendo aun en esta área la eterna discusión sobre descubrimiento versus creación.

La Ciencia se muestra así como un fenómeno que se desarrolla mediante un crecimiento incremental propicio a la carrera entre científicos por ser los primeros y mediante grandes revoluciones en las que la contingencia suele jugar un papel decisivo. Esa relativa independencia de quien la hace da lugar a que la Ciencia se pueda considerar como un fenómeno emergente sujeto a una evolución similar a la biológica, mediante un proceso de selección aleatoria de logros que en sí mismos también tienen a su vez mucho de contingencia. En su conjunto, no es planificable, pero se percibe que, como la vida, la Ciencia tiende a invadirlo todo.

Paradójicamente, para recalcar su afán reduccionista, el mecanicista Richard Dawkins les atribuía a los genes una finalidad, un «egoísmo» por el cual sólo perseguían multiplicarse, haciendo de los organismos meros transmisores de genes. Cabe también aquí la analogía y puede decirse que la Ciencia es egoísta: busca su crecimiento mediante recursos dedicados a ella y ansía un poder reverencial. El poder político y el económico pueden usar la Ciencia para transformar la vida de los hombres pero la Ciencia como fenómeno emergente sólo se quiere a sí misma y al hombre a su servicio, buscando para ello transformar la vida espiritual del hombre convirtiéndola en una visión unidimensional del Ser, expresable sólo por el lenguaje científico. En una inversión de valores a lo largo de su corta historia, la Ciencia ha pasado de estar al servicio del hombre a ser para él la única autoridad reconocible, haciéndose así, en un sentido cada vez más realista, ciencia inhumana.

Tecnociencias y mundos virtuales

Todos los avances técnicos podrán facilitar el mejor aprovechamiento de riquezas naturales en una línea de desarrollo sostenible, aunque la posibilidad de catástrofe ligada a esos avances siempre esté presente como espada de Damocles. Pero es en el caso del propio ser humano en donde la transformación será potencialmente mucho más espectacular tanto en su actividad cotidiana como en su propio cuerpo y, lo que será más importante, en su mente. Eso ya está ocurriendo en el terreno del ocio y de la comunicación. El avance de la Informática y la gran capacidad de comunicación que supone han servido también en muchos casos, paradójicamente, para aislar y embrutecer a las personas. Al margen de patologías y perversiones que utilizan todos los medios a su alcance en busca de sus objetivos, la fascinación ante los mundos virtuales de los videojuegos y de las redes sociales facilita un anclaje al ordenador en soledad, pasando esa realidad virtual a ser casi la única realidad en casos extremos, de tal modo que el sufrimiento que podrían causar problemas de adaptación social es adormecido mediante el encierro en una habitación propia con los adecuados medios informáticos y audiovisuales, siendo paradigmático al respecto el caso de los hikikomori japoneses. A la vez, la comunicación facilitada por el ordenador promueve un predominio del encuentro electrónico sobre la relación personal directa, tanto en cuestiones de mera charla informal con grupos de amigos, algunos ni siquiera conocidos personalmente, el popular «chatting», como incluso en la elección de pareja. Todo eso se da en un contexto en el que el desarrollo de los ordenadores personales, habiendo alcanzado una cota más que suficiente para la mayoría de necesidades de trabajo y una velocidad de intercambio en Internet adecuada para el acceso a todo tipo de información, está cada vez más dirigido por la industria del videojuego. La restricción de la comunicación a medios electrónicos, sea un ordenador o un teléfono portátil, contribuye también poderosamente a un efecto catastrófico sobre el lenguaje hablado, con un vocabulario cada vez más pobre y malsonante, y sobre el lenguaje escrito, abundando las incorrecciones ortográficas en el medio universitario. Hay en ese sentido voces de alarma por parte de docentes (un buen ejemplo lo ofrece un comentario del diario *El País* en octubre de 2008)[1] pero su carácter infructuoso refuerza la visión de que sólo importa la Ciencia y, para hacerla, es cierto que se necesita un lenguaje pero también restringido y en el que no tendrían tanta influencia negativa los defectos comentados como ocurriría en el caso del debate ideológico. Lo humanístico pierde fuerza frente a lo científico y a ello contribuye también la debilidad progresiva del lenguaje, facilitada por aplicaciones de la Tecnociencia. No es paradójico que frente a esa ignorancia del elemento esencial de cultura, se insista en la necesidad de saber inglés ya desde la niñez, jugando se dice. Frente a la conveniencia de aprender cualquier idioma extranjero, la insistencia en que éste sea el inglés no parece obedecer a un planteamiento cultural sino a que este idioma se ha convertido en lengua franca para los discursos tecnocientífico y comercial, íntimamente ligados, lo que es una leve indicación de que el autoritarismo científico ya está en marcha en la educación.

Al lado de la transformación que ha supuesto el ordenador personal sobre las mentes, el hecho más preocupante es que las tecnociencias se perfilan ya por muchas personas como el elemento que transformará al ser humano tanto individual como colectivamente, de tal forma que se ve como corolario que no cabe otra mejora humana que la biológica, olvidándose en la práctica el papel de la cultura y de la educación. Se asume por un amplio sector de científicos que es la evolución y no la cultura la que ha hecho al hombre, por lo que será una intervención biotécnica la única posibilidad de mejorar al ser humano.

El consenso político

Ante la Ciencia no hay propiamente debate político. Se asumen como postulados su neutralidad como tarea y la bondad de su aplicación, atendiendo así inconscientemente al egoísmo de la propia Ciencia como sistema emergente. Hay cuestiones éticas implícitas en ocasiones, como ocurre en el caso de la investigación con células madre pero, en general, la Bioética siempre está yendo por detrás de la Ciencia, está como perdida ante los avances científicos que se producen y disgregada, en parte precisamente porque la propia Ética aspira en ocasiones a ser científica.

Cualquier debate entre partidos políticos o entre distintos países relacionado con la Ciencia ya sólo se dirige a ver cómo se la puede fomentar, mediante recursos en investigación y en educación, favoreciendo en las escuelas las enseñanzas científico-técnicas frente a las humanísticas. Preocupa más a los políticos que los niños tengan ordenador con acceso a Internet en las aulas que enseñarles lo que significan los números y las operaciones aritméticas, a la vez que se desprecian elementos culturales esenciales. Los apoyos al tercer mundo se contemplan también desde la perspectiva de exportación de tecnociencia, no siempre con una finalidad benéfica. La cultura se observa cada vez más como adorno, como gusto de una época, pero no como algo esencial, siendo significativo al respecto el informe emitido por la Real Academia de la Historia en el año 2000 en el que señalaba su preocupación por el bajo nivel de la enseñanza de esta materia en nuestro país y en el que concluía que «los problemas existentes hoy en día en cuanto a la enseñanza de la historia en España en los estudios secundarios contienen tres elementos, que podríamos definir como el sociologismo, el pedagogismo y las circunstancias políticas»;[2] dicho de otro modo, un cientificismo (sociologismo y pedagogismo) al servicio del cual ya se ha puesto la decisión política.

Philosophia ancilla Scientiae

Las preguntas filosóficas fundamentales siguen permaneciendo abiertas desde que se empezaron a hacer en Grecia y Oriente. Lo que ha ocurrido es que muchas de las cuestiones sobre la naturaleza del cosmos y quien lo habita están siendo respondidas por la Ciencia. La Física ha absorbido cuestiones inicialmente metafísicas y el mecanicismo biológico ha desplazado visiones vitalistas. En su *Historia de la Filosofía Occidental*» señalaba Bertrand Russell que «queda, no obstante, un vasto campo, tradicionalmente incluido en la filosofía, donde los métodos científicos son inadecuados. Este campo incluye cuestiones últimas de valor. Todo lo que puede conocerse, puede ser conocido por medio de la ciencia;

pero las cosas que son legítimamente cuestiones de sentimiento se quedan fuera de su dominio».[3] Karl Jaspers decía que «la ciencia sigue un camino en el que cada paso resulta superado por otro posterior. La filosofía tiene, por su mismo sentido, que realizarse cada vez íntegramente en un solo hombre».[4] Esas perspectivas de Russell o Jaspers ya no se admiten por un número creciente de científicos y filósofos que consideran que todo es reducible a la Ciencia, de tal modo que la Filosofía sólo acaba sirviendo en la práctica para formular preguntas de posibilidad, más que de sentido, por lo que sólo el conocimiento científico es admitido y los planteamientos filosóficos se convierten con frecuencia en una contemplación de la Ciencia, bien en forma de análisis epistemológico, bien como mera prospectiva científica. La filosofía escolástica estaba al servicio de la fe, de un saber considerado entonces más elevado, la Teología, lo que se concretaba en la expresión «philosophia ancilla theologiae». Con posterioridad, la Filosofía siguió un camino propio, separado en general de la Teología, al margen de la creencia del filósofo concreto. La revolución científica inició el ataque a problemas pertenecientes a la Filosofía, pero entrando en interacción constructiva con ella. En la actualidad esa interacción persiste y la Filosofía de la Ciencia es una disciplina de gran interés para comprender tanto la evolución de la Ciencia como la posibilidad del conocimiento. Pero ya está dejando de ser así, habiendo filósofos, especialmente estadounidenses, que se han rendido a la Ciencia viéndola como el único acceso al saber sobre el mundo y el hombre, de tal forma que su trabajo refuerza la visión única, según la cual sólo la Ciencia es conocimiento y sólo es válida la Filosofía, no ya desde la Ciencia, sino con ella y para ella como mero planteamiento de posibilidades y, en el mejor de los casos, como reflexión ética sobre consecuencias, por lo que cabe hablar con propiedad de una tendencia a la »philosophia ancilla scientiae».

La Filosofía como interrogante sobre las grandes cuestiones está siendo marginada por esa pseudofilosofía servil hacia la Ciencia. Sólo la Teología parece resistirse y seguir su camino. Sus intentos de entendimiento con la Ciencia van desde una posición de respeto esforzado por comprender los planteamientos científicos, como ha mostrado Hans Küng en su libro *El principio de todas las cosas. Ciencia y Religión* [5] hasta intentos de demostraciones de contenidos teológicos desde la Ciencia tan burdos como el de Frank Tipler con su *Física de la Inmortalidad* ya comentado anteriormente.

El miedo a la libertad

En 1941, Erich Fromm publicó *El miedo a la libertad*.[6] Para Fromm, ese miedo radical explicaba el abrazo del totalitarismo, prefiriendo la seguridad que ofrece el Otro autoritario. La psicología humana no ha cambiado mucho desde su época y ese miedo persiste y por él, ahora que no prosperan los totalitarismos en el mundo «civilizado», ese miedo hace que el hombre busque lo que le proporcione seguridad eliminando su responsabilidad y la libertad que es condición de ella. Y nada mejor para eso hoy en día que la Ciencia. El cientificismo ofrece aparentes seguridades en un campo tan preocupante como el de la salud con promesas cotidianas de solución a enfermedades que generan una demanda que está haciendo insostenible cualquier sistema sanitario. A la vez, explicando de forma reduccionista nuestro propio comportamiento, nos libera de él, ya que si nuestra forma de ser, incluyendo el amor, el odio, el enamoramiento, la estabilidad de pareja o la creencia en Dios, reside en nuestros genes o en interacciones concretas entre determinados neurotransmisores y sus receptores cerebrales, no existe responsabilidad de nuestros actos y, en consecuencia, ya no hay propiamente libertad alguna a la que temer.

Curiosamente, en una de las páginas de su libro dice Fromm que «la debilidad biológica del hombre es la condición de la cultura humana». Eso ha sido así hasta ahora en que se piensa que esa debilidad biológica puede anularse mediante la tecnociencia y no por la cultura, que no se considera ya por muchos al estilo de Fromm, sino como subproducto darwiniano, precisamente por haber partido de esa debilidad a la que él se refería. Los logros de la Medicina y de la Tecnociencia en general no hacen sino reforzar la visión salvadora del cientificismo y la entrega absoluta de cualquier planteamiento existencial al juicio de los científicos, incluso en ámbitos que no les son propios. Como en tiempos se decía del Duce, ahora la Ciencia siempre tiene razón.

Panem et circenses

La Tecnociencia ya nos ha dado mucho de lo que entendemos habitualmente como sociedad del bienestar y lo ha hecho en poco tiempo. Lo cierto es que los avances importantes necesitan cada vez menos tiempo para producirse, ya que muchos campos, como la tecnología informática, tienen un crecimiento exponencial. Eso abre una esperanza y es que no sólo podremos tener cada vez más cosas, sino que llegaremos a tener más tiempo para disfrutarlas, en parte porque tendremos que trabajar menos horas y en parte porque esperamos vivir cada vez más gracias a las aplicaciones científicas, a no ser que una catástrofe geológica, económica o política dé al traste con todo.

La Tecnociencia hará posible que, sanos y longevos, tengamos todo el pan y circo que precisemos. Una amplia variedad de recursos técnicos y farmacológicos nos evitarán preocupaciones de otras épocas y la libertad lo será sólo de elección de bienes consumibles. Pero queda un gran absurdo y es que toda esta felicidad anunciada se truncará algún día por la muerte. ¿Por qué no esperar que esa última catástrofe individual, esa absoluta negación final, no sea también evitada por la Tecnociencia?

Felicidad eterna para siervos transhumanos

Raymond Kurzweil es una persona inteligente y creativa. Desarrolló el primer sistema óptico reconocedor de caracteres (OCR), creó una máquina de lectura para ciegos con un sintetizador lectura-voz, colaboró con Stevie Wonder desarrollando para él un sintetizador musical capaz de imitar un número amplio de instrumentos, creó un programa de reconocimiento de voz por ordenador y desarrolló tecnologías de evaluación de patrones para ayudar a niños con discapacidades. En los años noventa fundó la Medical Learning Company para asistir al aprendizaje médico y publicó una web[7] en la que ofrece un programa sintetizador de arte visual llamado AARON y un poeta cibernético. Ha recibido quince doctorados honoríficos y diferentes premios entre los que se hallan el 1990 Engineer of the Year, el 1994 Dickson Prize on Science, el 1998 Inventor of the Year, el 1999 National Medal of Technology y el prestigioso premio Lemelson MIT, obtenido en 2001. Todos esos reconocimientos lo han sido a un hombre que ha usado un saber científico-técnico en beneficio de muchas personas.

Sucede a veces, sin embargo, que personas inteligentes tienen raras peculiaridades personales. Kurzweil tiene la costumbre de llevar desde hace años un registro exhaustivo de todo lo concerniente a su salud, incluyendo las comidas realizadas; a la vez ingiere diariamente agua alcalinizada y unas doscientas píldoras escrupulosamente repartidas en tres tomas, sigue una dieta de restricción calórica y se somete a inyecciones periódicas de quelantes, suplementos nutricionales y productos homeopáticos. Para ello cuenta con la ayuda del Dr. Terry Grossman, el director del Frontier Medical Institute en Denver, quien considera que el envejecimiento es una enfermedad a tratar mediante todos los adelantos posibles que permite la Medicina actual y la aplicación a ella del desarrollo tecnocientífico.[8] El padre y el abuelo de Kurzweil murieron antes de llegar a los sesenta años y él no quiere que le ocurra lo mismo, pero su obsesión por cuidarse no parece tener relación con una patología hipocondríaca sino que está basada en la creencia cientificista más audaz, cual es pensar que, con un poco de suerte, si logra vivir unos pocos años más de los que viviría sin cuidarse tanto, llegará al punto, que sus cálculos sitúan en el año 2030, en que, gracias a las tecnociencias, se alcanzará una singularidad tecnológica, un cambio tan drástico que permitirá alcanzar la inmortalidad.

A partir de la estimación de una capacidad cerebral de cien mil millones de neuronas con mil conexiones por neurona permitiendo doscientos cálculos por segundo, Kurzweil estima que se logrará una inteligencia artificial con una capacidad de cerebro humano por un coste de mil dólares en torno al año 2023 y con una capacidad equivalente a la de toda la población humana por un coste de cien dólares hacia el año 2059. La inteligencia artificial tiene ventajas sobre la nuestra como son las capacidades de copiarse indefinidamente, de albergar todo el conocimiento existente (entendiendo conocimiento como conjunto de datos) y de adquirir nuevo conocimiento a una rapidez impensable para nuestro cerebro. Pero hay más. Sería posible reconstruir nuestro propio cerebro por ingeniería inversa. Para ello es preciso en primer lugar simular adecuadamente el comportamiento del cerebro humano y en ese sentido está ya en marcha un proyecto iniciado en junio de 2005 por IBM y l'École Polytechnique Fédérale de Laussane para crear su réplica en tres dimensiones (Blue Brain Project).[9] A la vez, implantes cerebrales sin necesidad de cirugía y basados en herramientas nanotecnológicas expandirían nuestras memorias un billón de veces y mejorarían nuestras capacidades sensoriales, perceptivas y cognitivas. Finalmente, nuestra propia mente, toda nuestra personalidad, podría copiarse indefinidamente mediante trasvases a distintos soportes, incluyendo réplicas cerebrales, podría viajar como software a la velocidad de la luz y formar parte de un nuevo cuerpo construido mediante la nanotecnología.

Unos cien años antes de esa singularidad previsible por Kurzweil y otros cuantos (se les conoce como singularitarianos), Aldous Huxley publicaba *Brave New World* traducido al castellano como *Un mundo feliz*, una novela que alertaba sobre los riesgos que el autoritarismo científico podría implicar para el ser humano, especialmente en aspectos relacionados con la reproducción y la farmacología, pero su hermano, Julian Huxley, que fue el primer director general de la UNESCO y fundador de la World Wildlife Fund, parecía tener una idea más optimista al respecto cuando escribió que «la especie humana puede, si lo desea, trascenderse a sí misma, como humanidad. Necesitamos un nombre para esta nueva creencia. Quizá transhumanismo servirá: el hombre permaneciendo hombre, pero trascendiéndose a sí mismo realizando nuevas posibilidades de y para su naturaleza humana».[10] Nacía así un término, transhumanismo, que ha cobrado cierto vigor en los últimos años, apareciendo en publicaciones y principalmente en foros de Internet. Varias personas han contribuido a presentar como posible una visión que podría parecer más propia de la ciencia ficción que de la prospectiva científica. Paralelamente al término «transhumanismo» surgía el de «extropía», haciendo alusión a la negación de la entropía y en 1992 se fundaba el Extropy Institute que aglutinaba gente dispar con ideas futuristas. En 1998 Nick Bostrom y David Pearce fundaron la Asociación transhumanista mundial.[11] Nick Bostrom es el director del Instituto para el futuro de la Humanidad, de la Universidad de Oxford, que se centra en «estudiar cómo el desarrollo tecnológico previsto puede afectar la condición humana en formas fundamentales y cómo podemos entender, evaluar y responder mejor al cambio radical».[12] Tiene diferentes publicaciones al respecto, que anuncia en su web personal.[13, 14] Por su parte, David Pearce parece tener especial interés en lo que llama el imperativo hedonista.[15] Es un utilitarista negativo, es decir, persigue que la mayor cantidad de gente tenga el menor sufrimiento posible. Con respecto al presente y al futuro a corto plazo, la perspectiva de Pearce induce moralmente a la búsqueda de drogas de placer, no limitadas a aliviar el dolor de lo que entendemos como estados patológicos psíquicos o somáticos, sino considerando que lo patológico es nuestra propia situación actual, darwiniana, en la que el dolor ha ido asociado a la selección de genes. Nuestra situación es así enferma de base porque en ella la máxima felicidad alcanzable no es la situación habitual. Dicho de otro modo, es hora ya de ignorar el egoísmo de los genes y pasar a considerar seriamente el de sus portadores, ya que nuestra posible intervención en la evolución humana hace ver como obsoleta la evolución basada en la selección natural.

El camino hacia el autoritarismo científico

Convergencia y cientificismo

No todo el mundo está precisamente de acuerdo con la singularidad prevista por Kurzweil y otros autores, pero el transhumanismo está calando. No se trata sólo de un conjunto de visionarios, sino que los grandes proyectos de investigación mundiales están adoptando una perspectiva que, aunque con matices, es transhumanista.

En diciembre de 2001 se celebró un seminario en EE. UU. sobre «Tecnologías convergentes para mejorar la función humana»[16] referido a la integración sinérgica de cuatro tecnociencias: Nanotecnología, Biotecnología, Tecnología de la Información y Ciencia Cognitiva, acuñándose la expresión Nano-Bio-Info-Cogno, o NBIC. Asumiendo la importancia de la interacción de estas cuatro disciplinas, cada una de las cuales comprende a su vez diversas áreas, se perfiló un futuro de posibilidades de aplicaciones múltiples, centradas en cinco objetivos genéricos: expansión de las capacidades cognitiva y comunicativa, mejora de la salud y capacidades físicas, mayor rendimiento de resultados de grupos y sociedades, seguridad nacional y unificación de Ciencia y Educación.

Es obvio que el avance en NBIC permitirá mejores ordenadores, mejores diagnósticos, nuevas posibilidades farmacológicas o un mejor tratamiento del medio ambiente, pero lo que se perfiló en ese encuentro fue mucho más allá. Al margen del objetivo relacionado con seguridad nacional, lo que se planteó esencialmente fue un cambio radical del ser humano en dos aspectos fundamentales: su salud, extendiendo la duración de la vida ad infinitum, y su desarrollo cognitivo. El encuentro albergó comunicaciones y también perspectivas llamadas «visionarias» como la posibilidad de vida y conocimiento ilimitados y la relación íntima hombre-máquina que permitiera cargar el *software* de una persona en un soporte informático, a partir del cual poder reconstruirla. Las posibilidades se han expresado con rotunda claridad: Si «Cogno» puede pensarlo, «Nano» puede construirlo, «Bio» puede mejorarlo e «Info» puede controlarlo.

En un documento posterior[17] se incidió nuevamente en la misma temática afirmando que las Ciencias Cognitivas (entendidas como el estudio científico de la mente y del cerebro basado en un enfoque de carácter multidisciplinario que incluye la neurociencia, la psicología cognitiva, la lingüística, la filosofía de la mente y la inteligencia artificial), mediante su convergencia con Nano, Bio y Tecno, aumentarán la memoria, facilitarán la toma de decisiones, la creatividad y la respuesta emocional, con sistemas emuladores de consejeros, psicoterapeutas y guías espirituales. Obviamente, la educación que se imparta irá en consecuencia con tan importantes objetivos por lo que se señala como esencial un profundo conocimiento y experiencia en disciplinas como la Biología, la Química, la Informática y la Ciencia Cognitiva.

El atractivo NBIC no se da solo en EE. UU. En la Unión Europea se habla también de «Tecnologías convergentes para la sociedad europea del conocimiento (CTEKS)».[18] Hay algunas diferencias entre EE. UU. y la Comisión Europea incidiendo ésta más en el papel de la diversidad y en el estudio de los problemas éticos asociados, pero los contenidos previstos difieren poco de los señalados en EE. UU. En el estudio europeo se prevé el dominio, espacialmente distribuido (como ocurre en el caso de los teléfonos portátiles), de estas tecnologías convergentes que constituirán una estructura técnica propiamente invisible para la acción humana. También se augura un alcance ilimitado de su poder que incluirá la modelación del cuerpo y la mente, aunque se indica que, frente a una aproximación de ingeniería de la mente, se priorizará una ingeniería para la mente, eludiendo apostar por una fusión hombre-máquina.

La felicidad prevista, en sentido supremo transhumanista o en un sentido más realista, alcanzable mediante la aproximación NBIC, se sustenta en dos postulados tácitos esenciales: la reducción COGNO, por la que todo lo que nos hace humanos, específicamente la consciencia, es explicable en términos de Ciencia Cognitiva, y la perspectiva de interacción sinérgica NBIC por la que podríamos incrementar nuestra vida y nuestra inteligencia hasta niveles insospechados.

No es preciso saber todo de algo para transformarlo

El pensamiento filosófico lleva muchos años planteándose qué nos hace humanos. De forma muy genérica, se han dado dos visiones antagónicas: la materialista y la espiritualista. Incluso dentro de una misma religión como la cristiana ha habido tensiones entre un planteamiento bíblico, de visión integral del hombre, y uno helenístico, dualista, con un alma encerrada en un cuerpo mortal. En la actualidad, la perspectiva cientificista es paradójica; a la vez que claramente materialista, renace en ella un dualismo basado en una concepción de que lo que nos hace humanos es la mente y que ésta es esencialmente un software. Seríamos un hardware biológico manejado por un software, de la misma forma que el ADN es un hardware que soporta el software del código genético. Los ordenadores pueden hacer ya muchas cosas, incluso ganarle al ajedrez a grandes maestros. Parece como si pensaran, pero ¿hasta qué punto en el futuro sólo lo parecerán y no llegarán a pensar realmente? O, lo que es lo mismo, ¿existe alguna diferencia sustancial entre mi yo y el de un futuro ordenador pensante? La inteligencia artificial en sentido débil sólo propugna la posibilidad de simulación, pero no de equiparación mediante ordenador de las funciones conscientes, pero para los abundantes partidarios de la inteligencia artificial en sentido fuerte no hay propiamente diferencia ontológica entre un programa de ordenador y la mente humana si ambos pueden superar el test de Turing para funciones cognitivas (según ese test, si un ordenador puede actuar de tal modo que un experto sea incapaz de distinguir su acción de la de un humano provisto de cierta capacidad cognitiva, entonces el ordenador también posee esa facultad). La inteligencia artificial en sentido fuerte tiene una doble implicación: una carrera hacia esa inteligencia artificial por un lado y, por otro, la perspectiva de manipular nuestro propio software, tanto mejorándolo como conservándolo en diferentes soportes físicos o biológicos indefinidamente.

No es necesario conocerlo todo para transformarlo. Los escollos que encontraron Crick,[19] Damasio,[20, 21] Searle[22] o Chalmers[23] al estudio de la consciencia, no impedirán que, aun sin saber de qué hablamos cuando nos referimos a ella, pueda ser manipulada de forma biotécnica. El problema esencial radica en que la transformación técnica de las mentes, no impensable en el estado actual de la Ciencia, y que se acometerá sin duda desde esa perspectiva

NBIC, facilitará el triunfo de la visión reduccionista y el sometimiento a la Ciencia como único poder. Los sueños al respecto son antiguos y en cierto modo ya se han materializado en mayor o menor grado. Aunque lejano en el tiempo, impactó en su día el control a distancia de un toro con electrodos implantados por parte del Dr. Rodríguez Delgado. Agencias de Inteligencia como la CIA han usado también para sus fines drogas como el LSD.[24] Influir en el comportamiento mediante radiación electromagnética no parece descabellado. No importa entender cómo somos ni por qué somos como somos más allá de la reducción biologicista sino sólo adaptarnos y, si es necesario, transformarnos y para ello sólo es preciso desarrollar herramientas que ya existen: la manipulación genética, una alienante reeducación conductista o la estimulación o inhibición de regiones específicas con magnetismo, drogas, electrodos o elementos nanotecnológicos.

Si la esencia del ser humano se concibe como un software que informa una estructura molecular, su mejora sólo es contemplable desde la Tecnociencia. Ese es el gran dogma cientificista. El hombre es reconocible como pura Biología, lo biográfico como mero accidente explicable por una interacción Genoma - Entorno y la mejora del hombre sólo concebible operando sobre su propia Biología. La propia cultura se considera un conjunto todo lo grande que se quiera pero finito de bits, codificables en un soporte informático que incluso, gracias a las tecnociencias, puede alcanzar rangos nanométricos, algo que puede ser literalmente ingerido o inyectado. La concepción de nuestro ser como software supone simplemente complementar o extrapolar la que ya asumen muchos científicos y es que esencialmente somos un genoma. En ambos casos, reduciendo o no la mente al genoma, se trata de situar en un contexto de teoría de información lo que nos hace propiamente humanos. Se da, frente a un materialismo mecanicista anterior, una pseudo-espiritualización basada en códigos que informan la máquina de nuestro cuerpo en su desarrollo y en su funcionamiento.

Es probable que ese planteamiento de cientificismo utópico, considerando lo utópico en el peor de los sentidos, no sea practicable pero marca una dirección que, incluso en el mejor de los casos, aunque no anule literalmente al sujeto, limitará extraordinariamente su libertad si antes no se le pone freno a toda esa fantasía inhumana que deifica a la Tecnociencia.

Afortunadamente, parece que hay un tiempo importante para que la reflexión reconduzca las cosas en un sentido humanista, un tiempo que procede de las propias limitaciones prácticas inherentes a un crecimiento lento de lo que se conoce. Kurzweil tiene toda la razón cuando habla de su campo y presenta las gráficas de crecimiento exponencial de tecnociencias de información e inteligencia artificial, pero ese crecimiento no se ha dado en la terapia médica ni hay base para esperar y mucho menos asegurar que se vaya a dar en un tiempo determinado. En la Medicina, el contraste de crecimientos es manifiesto. La tasa de publicaciones e indirectamente de descubrimientos tiene un carácter efectivamente exponencial, pero que no se traduce en un crecimiento similar de eficacias terapéuticas. La mayor esperanza de vida que él cita ha tenido un crecimiento más bien lineal y se ha debido principalmente a la higiene, la nutrición y los antibióticos, no a las tecnociencias. Se ha podido extender, mediante manipulación genética, la duración de vida de animales experimentales, incluyendo nematodos, levaduras y moscas, pero los genes que intervienen en la longevidad humana parecen numerosos y el envejecimiento humano no es comparable al de los de los animales experimentales en los que un tratamiento genético antienvejecimiento ha funcionado. La relación de la senescencia con el cáncer es complicada.[25, 26] La propia respuesta inmune puede tanto contribuir a la lucha contra infecciones como al desarrollo de enfermedades autoinmunes. Toda esa complejidad sugiere, como se indica en una revisión publicada recientemente en *Nature*, que «aunque no hay razón científica para no luchar por curar el envejecimiento, nuestro conocimiento actual hace imposible afirmar que tal postergación sea factible».[27]

Rodney Brooks comenta en la revista *Nature* «No somos buenos modelando sistemas vivos. Algo va mal. Hay un número de posibilidades: Algunos parámetros erróneos, modelos por debajo del nivel de complejidad requerido, falta de poder de computación o carencia de algo fundamental y no imaginado todavía. No es inconcebible que falten por descubrir algunas propiedades de biomoléculas o algún nuevo componente. Puede que falte algo del orden de la importancia del spin en Física para explicar la consciencia. Quizás deban descubrirse otros principios o nociones matemáticas».[28] Pretender simular un cerebro y reconstruirlo es, en el mejor de los casos, un sueño realizable a largo plazo, en caso de que sea posible, y hay que tener en cuenta que no se sabe en dónde están los límites de posibilidad en Biología.

Y es que, a pesar de todos los logros tecnocientíficos habidos, la gente se sigue muriendo de cáncer y enfermedades vasculares e incluso se suicida por depresiones, con tasas similares, si no mayores a las de hace cincuenta años. Y todo eso ocurre en el mundo desarrollado, porque hay un amplísimo sector de población mundial en donde la esperanza de vida sigue dependiendo del agua, de la comida, de la violencia, y es tan corta que hace ver los planteamientos transhumanistas como pura frivolidad inmoral.

La calidad cientificista

Aunque la Ciencia ejerza un poder progresivo como fenómeno emergente, necesita de científicos que la hagan y de divulgadores que prediquen su bondad. Las aplicaciones de la Ciencia se intentan en todos los ámbitos, no sólo en la fabricación de cosas. El imperio cientificista se extiende a áreas tan diversas como la propia forma de hacer Ciencia, basada en la productividad bibliométrica, los protocolos de actuación médica, o la educación básica y universitaria. Para dar a entender la bondad de la perspectiva científica se usa, tanto en las cosas que produce como en las transformaciones de la actividad humana que intenta, un término unificador tomado de la industria: calidad.

El término «calidad», que en tiempos significó algo bien hecho (algo que goza de estimación general, según el *Diccionario de la Real Academia*), se ha protocolizado hasta desvirtuarse. En cualquier proceso industrial se ponen en marcha sistemas de control de calidad que aseguren con una alta probabilidad (criterio seis sigma, por ejemplo) que el producto ofrece las características exigidas. Al lado de esas técnicas asentadas desde hace años, ha emergido con fuerza una burocratización inherente a la implantación de normas ISO basada en la certificación de la calidad de una empresa por organismos externos a ella. Ahora bien, esa garantía se establece esencialmente en términos de una certificación de registros de calidad e incidencias, lo que supone, más que una mejora sustancial de los propios sistemas de control, una atención estricta a la documentación en la que se expresan, con vistas a la auditoría de un organismo certificador. Esa atención a registros en una perspectiva defensiva más que de mejora de calidad real supone el consiguiente exceso en burocratización que sirve para alimentar a empresas certificadoras y formadoras en calidad pero no para evitar serios defectos de la calidad misma e incluso fraudes. Se está dando una transición de tratar de hacer las cosas bien a buscar que un ente certifique que las cosas se hacen bien. Se trata de ajustarse a la norma, entrando en protocolos que van facilitando la transformación robótica de un sistema de trabajo. Un ejemplo de esa calidad moderna lo muestran las compañías de telefonía móvil. Están certificadas debidamente, pero esa calidad supuesta ampara un trato impersonal que sólo se produce por vía telefónica, aunque suministren servicios de Internet y tengan sus propias webs. Nos piden nuestros datos personales pero para dirigirse a nosotros no lo hace nadie nunca, sólo la firma, sin direcciones, sin nombres de personas responsables. Es decir, teniendo calidad certificada, actúan con muy poca calidad en su relación con clientes en el sentido originario de «algo que goza de estimación general».

El término calidad lo impregna todo, desde la adecuación de un producto a las necesidades del usuario hasta una práctica médica, el funcionamiento de un organismo administrativo, de un comercio o la docencia. En este último caso, la obsesión por acreditar lo que una persona sabe, por definir sus conocimientos en función de una norma, va más allá de los tradicionales sistemas de exámenes y evaluaciones personalizadas, dándose una contradicción entre la liberalización del saber por un lado (cada vez hay más bibliotecas físicas y electrónicas accesibles y es más fácil la comunicación directa con autores de interés) y la constricción de ese saber por otro. El currículo se ha hecho «científico-baremable», con criterios de calidad burocratizada. No basta ya con demostrar un saber sino que es preciso acumular «créditos». Esa cuantificación del aprendizaje y, en consecuencia, del presunto saber alcanzado, corre pareja a la inversión económica consiguiente. Las carreras universitarias han pasado de ser formación en una disciplina con la consiguiente capacitación profesional a mero requisito tras el cual procederá la realización de toda clase de másters y cursos de post-grado para poder acceder a un puesto de trabajo. Con ese sistema de aprendizaje se fomenta la creencia ingenua en los expertos frente a la crítica de ellos. No es ajena a todo ello la baja calidad de la preparación con que se acoge a nuevos universitarios. Ese aprendizaje acrítico, mediocre y homogenizador de mentes es perjudicial por naturaleza al propio desarrollo de la Ciencia, pero no en cambio para el cientificismo que trata de medir científicamente su aprendizaje y la posible capacitación para crearla. Surge de todo ello la figura del experto que sirve para encarnar de modo impersonal ese autoritarismo científico emergente, siendo habitual oír hablar en los medios de comunicación de expertos sin que casi nunca se sepa de quiénes se trata.

La palabra calidad se está convirtiendo en todos los ámbitos en la adecuación a una norma no cuestionada. Se hace Medicina de calidad si se siguen los protocolos y se obtiene una formación de calidad si se hacen muchos cursos acreditados, aunque no se aprenda nada útil de ellos. Ese pobre criterio de adecuación a protocolo sin ver más allá facilita el desprecio del saber que dan el estudio y la experiencia. En esa óptica es fácil entender que se prejubile a personas experimentadas para hacer sitio a jóvenes formados en una serie de materias con mayor o menor fortuna pero sobre todo adoctrinados en la docilidad (no hace mucho se usaba la expresión «jóvenes aunque suficientemente preparados»).

La íntima asociación de lo científico con lo mercantil hace que el término «calidad» se utilice tan frecuentemente como el de «gestión» llegándose a gestionar todo, no sólo una organización, sino cada parcela de ella o el tiempo de trabajo y de ocio. El amplio uso del término se acompaña del reconocimiento creciente de los valores de mercado (gestión, calidad, buena presencia, liderazgo...) frente a los estrictamente profesionales. Frecuentemente se dice que no sólo hay que hacer bien las cosas, sino que además hay que saber venderlas, llegando incluso a afirmarse que uno tiene que saber venderse para expresar una valía profesional, lo que explica entre otras cosas la buena aceptación que ha tenido Daniel Goleman y su inteligencia emocional

La única noticia

Hay dos acepciones del término «cultura» recogidas en el *Diccionario de la Real Academia Española*. En una de ellas es el «conjunto de conocimientos que permite a alguien desarrollar su juicio crítico». Otra indica que es el «conjunto de modos de vida y costumbres, conocimientos y grado de desarrollo artístico, científico, industrial, en una época, grupo social, etc.». Con ambas acepciones se señala la conocida diferencia entre la cultura de una persona concreta o la cultura de una sociedad. La segunda acepción no genera confusión y recoge la concepción vulgar de lo que se entiende por cultura colectiva, pero es muy interesante la definición con que la Real Academia aborda el objetivo personal de la cultura: «desarrollar su juicio crítico». Es decir, la cultura presupone un saber, pero un saber teleológico, dirigido a juzgar críticamente lo real. Puede entenderse la acepción en sentido restringido: se es culto, por ejemplo, cuando se sabe juzgar la calidad de una interpretación musical o analizar una obra literaria, pero también puede aceptarse un sentido general: la cultura aporta criterios de juicio sobre todo lo real, incluyendo la acción humana y así la cultura tiene una implicación ética. Dicho de otro modo, sirve en la medida en que nos hace mejores personas, un criterio que está en consonancia con la importancia que en tiempos se le daba a la lectura de los grandes clásicos, incluso en sus propias lenguas, latín o griego.

Contrasta fuertemente esa implicación ética de la formación cultural con el uso que en amplios sectores se le da al término cultura ya que, tomándolo como un conjunto ornamental y utilitario de saberes, se dice frecuentemente de alguien que es más o menos culto si ha leído muchas obras literarias, entiende de pintura o de música clásica. La expresión «cultura de masas» hace referencia a la estrecha relación que está teniendo ese aspecto ornamental con el mercado, entendiéndose la cultura como algo consumible, vendible mediante la oportuna propaganda. La desconexión entre la cultura ornamental y la cultura como aprendizaje humanístico, ético, puede ser plena y abundan los ejemplos históricos, citándose frecuentemente con injustificado asombro el contraste entre la cultura de muchos oficiales nazis y su frialdad burocrática para el asesinato en masa de individuos, algunos mucho más cultos, a los que no habían podido siquiera llegar a odiar personalmente.

El paso, relativamente muy reciente, de una educación elitista a una enseñanza general ha sido una conquista social de gran trascendencia. La escuela ha sido lugar de formación humana, complementando la acción del entorno familiar, pero también centro de orientación al futuro trabajo del alumno. Desde la revolución industrial, la formación técnica y científica ha ido cobrando un relieve progresivamente mayor, por lo que un currículo al que ya la aritmética y la geometría pertenecían desde hacía siglos se fue enriqueciendo en asignaturas científicas, consolidándose, como consecuencia, una separación entre dos grandes saberes, el humanístico y el científico-técnico o, como suele decirse habitualmente, entre letras y ciencias.

Tradicionalmente el término «cultura» fue relegándose sólo al saber humanístico y se consideraba cultos a los científicos sólo cuando poseían parte de ese saber, pero la Ciencia en sí no entraba dentro de la categoría de cultura. Pero se ha hecho obvio que un conocimiento científico mínimo es esencial para poder tener un saber humanístico. No es concebible la Filosofía sin un soporte científico sobre el que construir la visión del mundo, de la misma forma que la comprensión de la Historia se ve mutilada si se desconoce la importancia que la Ciencia ha tenido en su desarrollo. Por todo ello, el saber científico ha ido pasando también a ser un saber cultural y tan inculto es quien desconoce que haya existido Shakespeare como quien no sabe nada de Newton. Cada cual tiende a valorar excesivamente lo propio y siempre ha habido una fricción genérica sobre el valor de su saber entre los pertenecientes a letras y la gente de ciencias y éste es el momento en que el desarrollo espectacular que ha tenido la Ciencia ha hecho que muchos científicos pasen de sentirse en cierto modo incultos si desconocían un mínimo de datos humanísticos a considerar que la Ciencia es el único saber que vale la pena.

Charles Percy Snow fue un escritor, científico y político británico que, además de obras literarias, publicó un ensayo en 1959 que causó cierta polémica, titulado *Las dos culturas y la revolución científica* en el que exponía la implicación negativa que para la comprensión del mundo tenía una tajante separación entre ciencias y humanidades. En una segunda edición, aparecida en 1967, sugería que una nueva, «tercera» cultura, surgiría facilitando la comunicación entre científicos e intelectuales.

John Brockman hizo de la «tercera cultura» su tarea vital. Procedente del mundo del arte, él mismo cuenta que en 1965 John Cage, un compositor estadounidense, le regaló un libro, *Cibernética*, escrito por Norbert Wiener y que desencadenó su interés por la Ciencia. Brockman contrasta el pesimismo cultural asociado a la idea del «buen salvaje», no contaminado por la ciencia y la tecnología, con el optimismo científico basado en dos aspectos: la obtención exponencial de información y su empirismo, indicando que «A diferencia de los academicistas de humanidades, que hablan unos acerca de otros, los científicos hablan del universo». El optimismo científico de Brockman le ha impulsado a promocionar a principios de los años ochenta una «agrupación informal de científicos y otros pensadores empíricos», conocida como Reality

Club. La aparición de Internet facilitó este tipo de encuentros y dio lugar a la web Edge[29] cuya finalidad es, según expresa el propio Brockman, «buscar las mentes más complejas y claras, reunirlas en una habitación y pedirles que se hagan entre sí las mismas preguntas que se hacen a sí mismas». Efectivamente, Edge es una magnífica web desde el punto de vista divulgativo pero lo que muestra no es tanto un lugar de encuentro entre las dos culturas de las que hablaba Snow cuanto un foro de científicos y admiradores de científicos en el que se habla en términos de divulgación, lo que supone, en muchas circunstancias, la consiguiente pérdida de rigor. Según Brockman, «la tercera cultura consta de aquellos científicos y otros pensadores en el mundo empírico que, mediante su trabajo y escritura expositiva, están tomando el lugar del intelectual tradicional para hacer visibles los significados profundos de nuestras vidas, redefiniendo quiénes y qué somos». La «tercera cultura» parece tener como misión esencial transformar la teoría de la evolución en explicación cuasi-religiosa y a los científicos en guías espirituales: «Hay un nuevo conjunto de metáforas para describirnos a nosotros mismos, nuestras mentes, el universo y todo lo que conocemos y son los intelectuales con estas nuevas ideas e imágenes-los científicos que hacen cosas y escriben sus propios libros-quienes dirigen nuestro tiempo».[30, 31]

La «tercera cultura» según esa definición por parte de quien quizá sea su máximo representante tiene serias implicaciones. Hay en ella un desprecio cientificista del intelectual clásico. En una entrevista realizada en *La Vanguardia*, afirmaba Brockman que «Lo que está ocurriendo ahora en el campo de la neurociencia deja a Freud como una superstición del siglo XVIII. Sus ideas son irrelevantes... La gente está interesada en las obras de los pensadores que hablan de la realidad desde un punto de vista científico».[32] La Ciencia se hace tercera cultura al ser divulgada, de forma que la divulgación científica pasa a ser el mecanismo esencial de formación de la gente. Para Brockman es, en última instancia, el éxito de ventas de libros científicos lo que expresa su valor ideológico. Hay un abuso del término «empírico», que abarca lo humanístico cuando es abordado por un científico, como ocurre con la interpretación de Jared Diamond, para quien el patrón general de la Historia se debe a diferencias medioambientales entre unos continentes y otros. La colonización de América por Europa y no al revés obedecería a una causa bien simple: la latitud. Europa tiene un eje mayor en sentido este-oeste (latitud similar) que, en contraste al norte-sur americano, permitió la domesticación de numerosas especies animales y vegetales facilitando una mayor densidad de población y con ella el desarrollo de enfermedades infecciosas, escritura, tecnología y organización política. Fue con esa tecnología y enfermedades con los que los europeos conquistaron a los americanos. Así de fácil. Finalmente, se niega absolutamente la posibilidad metafísica. Según el «nuevo humanista» Lee Smolin, célebre por su teoría de la gravedad cuántica de bucles, «Cuando los estudiantes universitarios de humanidades abracen a Peirce y Dewey en lugar de a Foucault y Derrida, y cuando lean a Darwin en vez de a Hegel, podremos decir que el nuevo Humanismo ha alcanzado la mayoría de edad».

En síntesis, a pesar de los indudables aspectos interesantes que muestra Edge en el terreno de la divulgación y de cierto debate, «la tercera cultura» y su «nuevo humanismo», erigiéndose en único medio de conocimiento, incorporando para ello un empirismo tan curioso que llega a incluir las percepciones místicas de Salvador Panikker, no sólo no supera ni a la Ciencia ni a las Humanidades, sino que sustenta esencialmente una ideología cientificista radical.[33] Es significativo al respecto que a Brockman y a Punset, también enredado en esa tercera cultura, les guste citar la frase de Stewart Brand: «la Ciencia es la única noticia».

En la *Crítica de la razón pura*, Kant escribió «Todo el interés de mi razón (el especulativo como el práctico) se reúne en las tres preguntas siguientes: ¿Qué puedo saber? ¿Qué debo hacer? ¿Qué me es permitido esperar?» En su *Lógica* afirma que estas tres cuestiones se reducen en último término a una: «¿Qué es el hombre?».[34] El cientificismo asume que sólo la Ciencia podrá responder a todo eso. Una vez que se sepa qué es el hombre desde la perspectiva COGNO habrá un fundamento científico para su ética y su felicidad. El hombre será explicado y a partir de ahí serán contestadas las otras tres cuestiones: podremos saberlo todo, deberemos hacer lo posible por mejorar nuestros genes y consciencias y podemos esperar una feliz inmortalidad de nuestro software transferido a un soporte físico o biológico. Siendo la Ciencia tarea colectiva, aunque hecha por científicos, el conocimiento alcanzado se refiere a la colectividad y a cada cual le será divulgado lo que debe saber y hacer por los pertinentes comités de expertos. La tarea filosófica individual será un ejercicio fútil y la Filosofía dejará de tener sentido. Por eso no es importante lo que cada uno individualmente piense sobre su existencia o sobre el mundo sino sólo la confianza en la Ciencia y sus expertos divulgadores que, desarrollando la tercera cultura, nos dirán lo que hay que hacer, lo científicamente correcto, y eso implica forzosamente la dominación autoritaria del sujeto. La Ciencia está asumiendo un carácter de referencia religiosa erigiéndose no ya como una buena noticia, como un evangelio, sino como la única noticia, lo único relevante.

Ese horizonte no es fantasioso. A él tiende el discurso de quienes ven en la Ciencia la única posibilidad (no sólo muchos científicos sino todas las personas embobadas en un respeto reverencial a los grandes divulgadores), un discurso cuya verdad aparente se refuerza por los propios logros técnicos y epistémicos que la Ciencia supone y que cada vez impactan con mayor fuerza y frecuencia en los medios de comunicación y en sus aplicaciones a la vida cotidiana. También, en este sentido, la Ciencia es la única noticia.

Es indudable que la Ciencia puede alcanzar conocimiento pero eso no significa que vaya a lograr sabiduría. El conocimiento es logro colectivo y nadie puede individualmente saber más que una ínfima fracción del conocimiento científico alcanzado, una fracción que se reducirá a medida que la Ciencia avance, a no ser que se cumplan las predicciones transhumanistas y podamos literalmente comernos ese conocimiento. La sabiduría, en cambio, es individual y en buena medida desligada de la Historia. Se puede asegurar que Einstein sabía mucho más sobre el universo que Aristóteles, pero no se puede afirmar con igual rotundidad que fuera más sabio que él. Y es que la sabiduría va más allá de explicaciones parciales o de acumulación de datos, va a lo esencial y eso tiene que ver con nosotros mismos, con cada uno. Tal vez por su ideal utópico no quepa hablar propiamente de sabios, sino de amantes de la sabiduría, de filósofos en el sentido auténtico de la palabra. Sin embargo han quedado conocidos como sabios siete personajes de Grecia. Algunas de sus lacónicas máximas quedaron grabadas en el templo de Apolo en Delfos. Una de ellas, atribuida a Quilón de Esparta, dice «conócete a ti mismo».[35] La Ciencia es un medio, pero no el único ni mucho menos el más importante, de trabajar en esa difícil tarea del descubrimiento personal en donde quizá sí resida el conocimiento que vale la pena alcanzar en una vida limitada. Hacer de la Ciencia la única noticia equivale a caer en la ignorancia más brutal.

Conclusión

Hasta aquí se ha pretendido mostrar cómo la perversión de la visión científica del mundo puede, haciendo de ella la única posibilidad de acceso a lo real, llegar a mostrar a la Ciencia como el único referente, facilitando un autoritarismo científico disperso y universal que, en unión del mercado, da lugar fácilmente a un monstruo quimérico con una gran capacidad de generar injusticia, alienación y muerte.

Esa perversión de considerar que el único lenguaje verídico es el científico (cientificismo) no sólo ignora los propios límites intrínsecos y prácticos que impiden la omnisciencia científica sino que, por el contrario, alimenta la esperanza en que la Ciencia acabará resolviendo todos los enigmas y la Tecnociencia nos hará la vida más larga y feliz. El cientificismo no es propiamente una ideología sino una fe atea que trata de llenar la falta de creencias con el mito de la Ciencia como único significante. Ese mito no surge propiamente del conocimiento científico en sí, sino fundamentalmente del discurso de científicos que atraviesan fronteras con disciplinas humanísticas complejas creyendo que su autoridad en un campo y la reducción simplista del que invaden bastan para explicar cualquier cosa. El mito científico encuentra fácil acogida en un mundo fascinado por los avances tecnológicos que hacen muchas vidas cada día más fáciles a la vez que alienadas. Es un mito difuso que se extiende gracias a la falta de crítica tanto de los propios científicos como de intelectuales de otros campos. Considerando la Ciencia sagrada, cualquier crítica a científicos se juzga retrógada.

El cientificismo adopta un único lenguaje y un postulado simplista: la Ciencia es la única fuente de esperanza para el ser humano y también su única posibilidad de explicación o, como se dice ya, «la única noticia», de tal modo que las preguntas kantianas tienen una fácil respuesta: podemos saber Ciencia, ella nos dirá qué debemos hacer y sólo podemos esperar en ella. En uno de los poemas de Hölderlin, «In lieblicher Bläue...» se dice: «lleno de méritos, sin embargo poéticamente, habita el hombre en esta tierra». Es una expresión interesante a la que Heidegger dedicó un amplio comentario. Hölderlin alude a una necesidad que existirá mientras nos interroguemos sobre nosotros mismos, la de habitar la Tierra seriamente, poéticamente, buscando en esta vida cumplir la vieja máxima délfica y aportar así lo mejor de nosotros mismos.

No debe confundirse, sin embargo, el cientificismo con la Ciencia a la que deifica. La Ciencia como tal no es incompatible con la perspectiva poética sino todo lo contrario. Desde el cientificismo sólo se vislumbra una Ciencia utilitaria, tanto en el aspecto aplicativo como en el explicativo-ideológico pero afortunadamente la Ciencia conserva aun el afán de iluminación con el que nació y por eso, desde su luz, puede facilitar todo lo que es propiamente humano, incluyendo lo bueno y lo hermoso, porque la Ciencia muestra la extraordinaria belleza del mundo. Sin ella los objetos contemplables tienen unas dimensiones reales o aparentes (en función del ángulo subtendido sobre ellos desde nuestra mirada) similares a las nuestras o de pocos órdenes de magnitud distintos al de nuestro propio cuerpo: podemos ver belleza en otros seres humanos, en extensos paisajes, en diminutos peces tropicales, en flores; podemos ver la belleza natural y la creada por el Arte. La Ciencia con sus instrumentos amplía la mirada muchos órdenes de magnitud hacia lo que es mayor o menor que nosotros, permitiéndonos contemplar la fantástica belleza de una galaxia o de un ribosoma pero además nos aporta una belleza nueva, inherente a la comprensión de lo observado y expresada en ecuaciones físico-matemáticas. Es precisamente ese nuevo sentimiento estético de la expresión matemática, en la que los elementos de simetría juegan un papel relevante, el que ha hecho de la belleza una guía hacia la verdad para muchos científicos que consciente o inconscientemente asumen la equiparación belleza-verdad como tan bien expresó Keats en su «Oda a una urna griega» («Beauty is truth, truth beauty, that is all Ye know on earth, and all ye need to know»).

La Ciencia puede perfectamente apoyar la afirmación de Hölderlin al ampliar con su luz la mirada sobre esta Tierra y al facilitar su habitabilidad. Sólo cuando uno se fascina con la fuente de luz y no con lo que ilumina, incurre en el riesgo de quedar cegado en la creencia de que la verdad reside en la lámpara y no en lo que alumbra. Es en ese caso cuando en vez de una ensanchada visión científica-poética del mundo se pasa a tener una miope percepción cientificista.

No cabe duda de que la Ciencia es admirable. Ha ampliado nuestra mirada sobre el Cosmos y permite que nos comprendamos mejor a nosotros mismos. Pero esa admiración es la que, si no se somete a control, conduce al cientificismo. En el momento del triunfo, el general romano era acompañado por un esclavo que le sostenía sobre la cabeza la corona de Júpiter Capitolino a la vez que le susurraba reiteradamente «Respice post te, hominem te esse memento». Muchos científicos y divulgadores de Ciencia necesitarían también oír ese susurro.

Los científicos se han convertido en productores de mercancías en forma de patentes biológicas y de artículos susceptibles de valoración bibliométrica. Los que pueden permitírselo, como Venter, juegan en ese mercado a ser dioses buscando la transformación radical de lo viviente. Los cientificistas fascinados como Kurzweil esperan la vida eterna que les dará una singularidad tecnológica que ven próxima. La Ciencia ha ampliado la mirada sobre el presente y el pasado, pero no puede hacerlo sobre el futuro por su propia contingencia, porque no sabe a dónde va, aunque sepa de dónde viene. La Historia ha mostrado que la prospectiva científica sirve de muy poco. Si nadie podía imaginar la revolución de Internet, resulta aun mucho más impredecible lo que vaya a ocurrir con la intervención en el mundo biológico mediante los transgénicos y la Biología sintética o el impacto que tendrá la Nanotecnología en la creación de un nuevo mundo sintético e incluso en su interacción con nuestras propias células. Desde ese contexto de imprevisibilidad, puede decirse en sentido genérico que la Ciencia como único referente no es creíble, no puede ser fuente de esperanza, sino sólo un instrumento que se nos está yendo de las manos.

Referencias bibliográficas

1. Ciencia: luz, diversidad y límites

1. Yang, G. Z. y D. N. Firmin: «The birth of the first CT scanner». *IEEE Engineering in Medicine and Biology*, 1/2 (2000), p.120.
2. The Latin Library: *C. Plinii Caecilii Secvndi Epistvlarivm liber sextvs. Epist XVI.* [en línea] <http://www.thelatinlibrary.com/pliny.ep6.html> [Consulta: 23 junio 2010]
3. Cid, F.: *Historia de la Ciencia. Edad Moderna. I.* Barcelona: Pala, 1979.
4. Bacon F.: *Preface to Instauratio Magna.* [en línea] <http://www.bartleby.com/39/20.html> [Consulta: 23 junio 2010]
5. Solís, C. y M. Sellés: *Historia de la Ciencia.* Madrid: Espasa Calpe, 2005.
6. Cuvier, G. L.: *Rapport Historique sur les progrès des Sciences Naturelles depuis 1789 et sur leur état actuel.* [en línea] <http://sciencesrevolution.univ-paris1.fr/science1800/i-corpuspic/tab/rapports_cuvier/pdf/Cuvier_Rapport_rb.pdf > [Consulta: 1 febrero 2010]
7. Dettelbach M.: «La science omnivore d'Alexander von Humboldt». *La Recherche*, 302,1997, p. 90.
8. Safranski, R.: *Schiller o la invención del idealismo alemán.* Barcelona: Tusquets, 2006
9. Goedeke, K.: «Schillers Briefwechsel mit Körner. Von 1784 bis zum Tode Schillers». Leipzig: Verlag von Veit & Comp.1874 [en línea] <http://www.wissen-im-netz.info/literatur/schiller/briefe/koerner/index.htm> [Consulta: 23 junio 2010]
10. Botting, D.: *Humboldt y el Cosmos.* Barcelona: Ediciones del Serbal, 1981.
11. Blom, P.: *Encyclopédie. El triunfo de la razón en tiempos irracionales.* Barcelona: Anagrama, 2007.

12. WEINBERG, S.: *Los tres primeros minutos del Universo.* Madrid: Alianza Editorial, 1978.
13. WUSSING, H.: *Lecciones de Historia de las Matemáticas.* Madrid: Siglo XXI de España, 1998.
14. RUSSELL, B.: *Historia de la Filosofía Occidental.II. La Filosofía Moderna.* Madrid: Austral,1971
15. MOSTERÍN, J.: *Los lógicos.* Madrid: Espasa Calpe, 2000.
16. GARETH ASHURST, F.: *Fundadores de las matemáticas modernas.* Madrid: Alianza Editorial, 1985.
17. GOLDSTEIN, R.: *Gödel. Paradoja y vida.* Barcelona: Antoni Bosch S.A. 2005.
18. GÖDEL, Kurt: «Über formal unentscheidbare Sätze der *Principia Mathematica* und verwandter Systeme». *Monatshefte für Mathematik und Physik*, 38 (1931), p. 173. GÖDEL, Kurt. *Obras Completas.* Edición de MOSTERÍN, J. Madrid: Alianza Editorial, 2006.
19. NAGEL, E. y J. R. NEWMAN; *El teorema de Gödel.* Madrid: Tecnos, 2007.
20. ALMIRA, J. M. y J. C. Sabina de Lis. *Hilbert, matemático fundamental.* Madrid: Nivola, 2007.
21. TURING, A. M.: «On computable numbers, with an application to the Entscheidungsproblem». *Proceedings of the London Mathematical Society.* 42 (1937), p. 230.
22. DAVIS, M.: *La computadora universal. De Leibniz a Turing.* Madrid: Debate, 2002.
23. SINGH S.: *El enigma de Fermat.* Barcelona: Planeta, 2003.
24. DU SAUTOY, M.: *La música de los números primos.* Barcelona: Acantilado, 2003.
25. HEISENBERG, SCHRÖDINGER, EINSTEIN, JEANS, PLANCK, PAULI, EDDINGTON: *Cuestiones cuánticas.* Barcelona: Kairós, 2005.
26. CASSSIDY, DC.: «Heisenberg, imprecisión y revolución cuántica». *Investigación y Ciencia*, 7,1992, p. 66.
27. HEISENBERG, W.: «Über den anschaulichen Inhalt der quantentheoretischen Kinematik und Mechanik». *Zeitschrift für Physik*, 43 (1927), p. 172
28. FERNÁNDEZ-RAÑADA, A.: *Ciencia, incertidumbre y conciencia. Heisenberg.* Madrid: Nivola, 2004.
29. BELL, J. S.: «On the Einstein Podolski Rosen paradox». *Physics*, 1 (1964), p.195.
30. ACZEL, A. D.: *Entrelazamiento. El mayor misterio de la Física.* Barcelona: Crítica, 2004.
31. SCHRÖDINGER, E.: *¿Qué es la vida?* Barcelona: Tusquets, 2006.

32. WATSON, J. D. y F. H. C. CRICK: «A structure for deoxyribose nucleic acid». *Nature*, 171 (1953), p. 737.
33. GELL-MANN, G.: *El Quark y el Jaguar. Aventuras en lo simple y lo complejo.* Barcelona: Tusquets, 1995.
34. DELAHAYE, J. P.: «La complexité organisée». *Science et Avenir*, 7 (2005), p. 54.
35. GELL-MANN, M.: «What is complexity?». *Complexity* 1 (1995), p. 16.
36. DILLON, D. G.: «A review of the Santa Fe Institute: Institutional and individual qualities of expert interdisciplinary work». [en línea] Interdisciplinary Studies Project. Project Zero, Harvard Graduate School of Education. Octubre 2001, <http://pzpublications.com/148pdf.html> [Consulta: 23 junio 2010]
37. BLANCO LASERNA, D.: *Emmy Noether. Matemática ideal.* Madrid: Nivola, 2005.
38. GOULD, S. J.: *La estructura de la Teoría de la Evolución.* Barcelona: Tusquets, 2004.
39. WEST, G. B. y J. H. Brown: «The origin of allometric scaling laws in biology from genomes to ecosystems: towards a quantitative unifying theory of biological structure and organization». *Journal of Experimental Biology*, 208 (2005), p.1575.
40. MCMAHON, T. A. y J. TYLER BONNER: *Tamaño y vida* Barcelona: Prensa Científica, 1986.
41. KOSHLAND, D. E.: «The seven pillars of life». *Science*, 295 (2002), p. 2215.
42. KAUFFMAN, S.: *Investigaciones. Complejidad, autoorganización y nuevas leyes para una biología general.* Barcelona: Tusquets, 2003.

2. Ciencia y falsas ciencias

1. HOLTON, G.: «Robert K. Merton». *Proceedings of the American Philosophical Society*, 148 (2004), p. 505.
2. SHANG, A., K. HUWILER-MÜNTENER, L. NARTEY et ál.: «Are the clinical effects of homoeopathy placebo effects? Comparative study of placebo-controlled trials of homoeopathy and allopathy». *The Lancet*, 366 (2005), p. 726.
3. DAYENAS, E., F. BEAUVAIS, AMARA et ál.: «Human basophil degranulation triggered by very dilute antiserum against IgE». *Nature*, 333 (1988), p. 816.
4. Spiritual Vision: *¿Y tú qué sabes?* [en línea] <http://www.spiritualvision.es/pelicula.php?idfilm=54> [Consulta: 23 junio 2010]
5. CHOPRA, D.: *Cuerpos sin edad, mentes sin tiempo.* Buenos Aires: Ediciones B, 1998.
6. VON DÄNIKEN: *El mensaje de los dioses.* Barcelona: Martínez Roca, 1976.

7. Urbano Madel: Sitio oficial [en línea] <http://www.urbanomadel.com/> [Consulta: 23 junio 2010]
8. Carrol, R. T.: «Forer Effect» [en línea] *The Skeptic's Dictionary.* <http://www.skepdic.com/forer.html> [Consulta: 23 junio 2010]
9. Deibert, R., J. Palfrey, R. Rohozinski, J. Zittrain.: *Access Denied: The Practice and Policy of Global Internet Filtering* [en línea] Cambridge: MIT Press, 2008 <http://opennet.net/accessdenied> [Consulta: 23 junio 2010]
10. Beyerstein, B. L.: «Distinguishing science from pseudoscience». Canadá, Octubre 1996 [en línea] <http://www.sld.cu/galerias/pdf/sitios/revsalud/beyerstein_cience_vs_pseudoscience.pdf> [Consulta: 23 junio 2010]
11. Gardner, M.: *La Ciencia. Lo bueno, lo malo y lo falso.* Madrid: Alianza Editorial,1988.
12. Popper, K. R.: *Búsqueda sin término. Una autobiografía intelectual.* Madrid: Alianza Editorial, 2002.
13. Chalmers, A. F.: *¿Qué es esa cosa llamada Ciencia?* Madrid: Siglo XXI de España, 2004.
14. Aristóteles: *Poética.* Madrid: Istmo, 2002.
15. Kandel, E. R.: «Biology and the future of Psychoanalysis: a new intellectual framework for Psychiatry revisited». *The American Journal of Psychiatry,* 156 (1999), p. 505.

3. Cientificismo y sujeto

1. Nagel, E. *La estructura de la ciencia.* Barcelona: Paidós, 2006.
2. Guyatt, G., J. Cairns, D. Churchill et ál.: «Evidence-based medicine. A new approach to teaching the practice of medicine» *The Journal of the American Medical Association*, 268 (1992), p. 2420.
3. Jackson, E. D.: «Organizing Madness: Psychiatric Nosology in Historical perspective». [en línea] <www.uark.edu/rd_vcad/urel/publications/inquiry/2003/jackson.pdf> [Consulta: 23 junio 2010]
4. Kirn, W. «I'm O.K. You're O.K. We're Not O.K». *Time*, (sept. 2002), p. 11
5. Gottesman, I.I., T. G. Gould.: «The Endophenotype Concept in Psychiatry Etymology and Strategic Intentions». *The American Journal of Psychiatry*, 160 (2003), p. 636.
6. Leal, S. M.: «Phenotypes and genetic analysis of psychiatric and neuropsychiatric traits». *American Journal of Medical Genetics,* 105, 1 (2001), p. 4.
7. Gusella, J. F., N. S. Wexler, P. M. Conneally et ál.: «A polymorphic DNA marker genetically linked to Huntington's disease». *Nature*, 306 (1983), p.234.

8. Bishop, J. E., Waldholz.: *Genoma.* Barcelona: RBA, 1993.
9. Kato, T.: «Molecular genetics of bipolar disorder and depression». *Psychiatry and Clinical Neurosciences*, 61 (2007), p. 3.
10. Kendler, K. S.: «Reflections on the relationship between Psychiatric Genetics and Psychiatric Nosology». *The American Journal of Psychiatry*, 163 (2006), p. 1138.
11. Robert, J. S., T. Plantikow.: «Genetics, Neuroscience and Psychiatric Classification». *Psychopathology*, 38 (2005), p. 215.
12. Craddock, N., M. C. O'Donovan, M. J. Owen: «Genes for Schizophrenia and Bipolar Disorder? Implications for Psychiatric Nosology». *Schizophrenia Bulletin*, 32, 1 (2006), p. 9.
13. Ardí, J., A. Singleton: «Genome wide association studies and human disease». *The New England of Journal Medicine*, 360 (2009), p. 1759.
14. Jacobs, P. A., M. Brunton, M. M. Melville, R. P. Brittain, W. F. McClemont: «Aggressive behavior, mental sub-normality and the XYY male». *Nature*, 208 (1965), p.1351.
15. Nuffield Council on Bioethics: «Genetics and Human Behaviour: The Ethical Context». [en línea] <http://www.nuffield-bioethics.org/go/browseablepublications/geneticsandhb/report_463> [Consulta: 23 junio 2010]
16. Caspi, A., J. McClay, T. E. Moffitt et ál.: «Role of genotype in the cycle of violence in maltreated children». *Science*, 297 (2002), p. 851.
17. Faraone, S. V., S. A. Khan: «Candidate gene studies of attention-deficit/hyperactivity disorder». *Journal of Clinical Psychiatry*. 67 Supl. 8 (2006), p. 13.
18. Retz, W., M. Rösler, T. Supprian, Retz-Junginger, J. Thome J.: «Dopamine D3 receptor gene polymorphism and violent behavior: relation to impulsiveness and ADHD-related psychopathology». *Journal of Neural Transmission*, 110 (2003), p.561.
19. Morley, K. I., W. D. Hall: «Is there a genetic susceptibility to engage in criminal acts?». *Trends & Issues in Crime and Criminal Justice*, 263 (2003), p. 1.
20. Pietro, D. A., L. J. Shyavitz, R. A. Smith, B. S. Auerbach: «Detecting and reporting medical errors: why the dilemma?». *British Medical Journal*, 320 (2000), p.794.
21. Wittelson, S. F., D. L. Kigar, T. Harvey: «The exceptional brain of Albert Einstein». *The Lancet*, 353 (1999), p. 2149.
22. Robain, O.: «Une inquiétante malformation». *La Recherche*, 326,1999, p. 39.
23. Logothetis, N. K.: «What we can do and what we cannot do with fMRI». *Nature* 453 (2008), p. 869.

24. Sermer, M.: «The Brain Is Not Modular: What fMRI Really Tells Us. Metaphors, modules and brain-scan pseudoscience». [en línea]. <http://www.sciam.com/article.cfm?id=a-new-phrenology&print=true> [Consulta: 23 junio 2010]
25. Beauregard, M., V. Paquette: «Neural correlates of a mystical experience in Carmelite nuns». *Neuroscience Letters*, 405 (2006), p. 186.
26. Kiehl, K. A., A. M. Smith, R. D. Hare, A. Mendrek, B. B. Forster, J. Brink, P. F. Liddle: «Limbic Abnormalities in Affective Processing by Criminal Psychopaths as Revealed by Functional Magnetic Resonance Imaging». *Biological Psychiatry*, 50 (2001), p. 677.
27. Kiehl, K.: «A cognitive neuroscience perspective on psychopathy: Evidence for paralimbic system dysfunction». *Psychiatry Research*, 142 (2006), p. 107.
28. Miller, G.: «Investigating the psychopathic mind». *Science*, 321 (2008), p. 1284.
29. Seligman, M.: «Autentic happiness». [en línea] <http://www.authentichappiness.sas.upenn.edu/default.aspx>[Consulta: 23 junio 2010]
30. Belmaker, R. H., G. Agam: «Major depressive disorder». *The New England of Journal Medicine* , 358 (2008), p. 55.
31. Bode, L., H. Ludwig: «Borna disease virus infection, a human mental-health risk» *Clinical Microbiology Reviews*, 16 (2003), p. 234.
32. Irving Kirsch, I., B. J. Deacon, T. B. Huedo-Medina, A. Scoboria, T. J. Moore, B. T. Johnson: «Initial severity and antidepressant benefits: a meta-analysis of data submitted to the Food and Drug Administration». *PLOS Medicine*, 5 (2008), p. 260.
33. Moncrieff, J.: «The antidepressant debate». *The British Journal of Psychiatry*, 180 (2002), p. 193.
34. Punset, E.: *Cara a cara con la vida, la mente y el universo. Conversaciones con los grandes científicos de nuestro tiempo.* Barcelona: Destino, 2007.
35. Roberts, S. C., A. C. Little, L. M. Gosling et ál.: «MHC-heterozygosity and human facial attractiveness». *Evolution and Human Behavior*, 26 (2005), p. 213.
36. Jones, B. C., A. C. Little, Penton-Voak IS, B. P. Tiddeman, D. M. Burt, D. I. Perrett: «Facial symmetry and judgements of apparent health. Support for a "good genes" explanation of the attractiveness–symmetry relationship». *Evolution and Human Behavior*, 22 (2001), p. 417.
37. Wedekind, C., T. Seebeck, F. Bettens, A. J. Paepke: «The Intensity

of Human Body Odors and the MHC: Should We Expect A Link?». *Evolutionary Psychology*, 4 (2006), p. 85.
38. Boehm, T., F. Zufall: «MHC peptides and the sensory evaluation of genotype». *TRENDS in Neurosciences*, 29 (2006), p. 100.
39. Aron, A., H. Fisher, D. J. Mashek, G. Strong, H. Li, L. L. Brown: «Reward, Motivation, and Emotion Systems Associated With Early-Stage Intense Romantic Love». *Journal of Neurophysiology*, 94 (2005), p. 327.
40. Fisher, H. E., A. Aron, L. L. Brown: «Romantic love: a mammalian brain system for mate choice». *Philosophical Transactions of the Royal Society B*, 361 (2006), p.2173.
41. Zeki, S.: «The neurobiology of love». *FEBS Letters*, 581 (2007), p. 2575.
42. Carter, S., L. L. Getz: «Monogamia en la ratilla de pradera». *Investigación y Ciencia*, 8 (1993), p. 50.
43. Debiec, J.: «From affiliative behaviors to romantic feelings: A role of nanopeptides». *FEBS Letters* 581 (2007), p. 2580.
44. Walum, H., L. Westberg, S. Henningsson, Neiderhiser JM et ál.: «Genetic variation in the vasopressin receptor 1a gene (AVPR1A) associates with pair-bonding behaviour in humans». *Proceedings of the National Academy of Sciences*, 105 (2008), p. 14153.
45. Thuillier, P.: «L'homosexualité devant la Psychiatrie». *La Recherche*, 20 (1989), p. 1128.
46. Byne, W.: «¿Una determinación biológica?». *Investigación y Ciencia*, 7 (1994), p. 13.
47. LeVay, S., D. H. Hamer: «Bases biológicas de la homosexualidad masculina». *Investigación y Ciencia*, 7 (1994), p. 6.
48. Hu, S., A. M. Pattatucci, C. Patterson, L. Li, D. W. Fulker, S. S. Cherny, L. Kruglyak, D. H. Hamer: «Linkage between sexual orientation and chromosome Xq28 in males but not in females». *Nature Genetics*, 11, 3 (1995), p. 248.
49. Bailey, J. M., R. C. Pillard, K. Dawood, M. B. Miller, L. A. Farrer, S. Trivedi, R. L. Murphy: «A family history study of male sexual orientation using three independent samples». *Behavior Genetics*, 29, 2 (1999), p. 79.
50. Mustanski, B. S., M. G. DuPree, C. M. Nievergelt, S. Bockland, N. J. Schork, D. H. Hamer: «A genome wide scan of male sexual orientation. Human Genetics» [en línea] doi:10.1007/s00439-004-1241-4. [Consulta: 23 junio 2010]
51. Zhang, S., W. F. Odenwald: «Misexpression of the White (w) Gene Triggers Male-Male Courtship in Drosophila». *PNAS*, 92 (1995), p. 5525.

52. Camperio-Ciani, A, F. Cornai, C. Capiluppi: «Evidence for maternally inherited factors favouring male homosexuality and promoting female fecundity». *Proceedings of the Royal Society B*, 271 (2004), p. 2217.
53. Hawking, S. W.: *Historia del tiempo. Del Big Bang a los agujeros negros*. Barcelona: Crítica, 1988.
54. Detwiler, S.: «Carl Sagan's Religion of Science». [en línea] <http://www.detwiler.us/sagan.html> [Consulta: 23 junio 2010]
55. Tipler, F. J.: *La Física de la Inmortalidad*. Madrid: Alianza Editorial, 2005.
56. Devinsky, O., G. Lai: «Spirituality and religion in epilepsy». *Epilepsy and Behavior*, 12 (2008), p. 636.
57. Hammer, D.: *El gen de Dios*. Madrid: La esfera de los libros, 2006
58. Zimmer, Carl: «Faith-Boosting Genes. A search for the genetic basis of spirituality». *Scientific American*, 10 (2004), p. 110.
59. Blackmore, S.: «The power of memes». *Scientific American*, 10 (2000), p. 64.
60. Benson, H., J. A. Dusek, Sherwood JB et ál.: «Study of the Therapeutic Effects of Intercessory Prayer (STEP) in cardiac bypass patients: A multicenter randomized trial of uncertainty and certainty of receiving intercessory prayer». *American Heart Journal*, 151 (2006), p. 934.
61. Institute for Creation Research. «The Mind Behind the Design: Unraveling Life's Plans and Specifications» [en línea] <http://www.icr.org/#> [Consulta: 23 junio 2010]
62. Discovery Institute. Sitio oficial [en línea] <http://www.discovery.org/aboutFunctions.php> [Consulta: 23 junio 2010]
63. Dembski, W. A.: *Diseño inteligente*. Madrid: Homo Legens, 2006.
64. Merton, R. K., D. L. Sills, S. M. Stigler: «The Kelvin dictum and Social Science: an excursion into the history of an idea». *Journal of the History of the Behavioral Sciences*, 20, 4 (1984), p. 319.
65. Wilson, E. O.: *Sociobiology: The New Synthesis*. Cambridge MA: Belknap Press of Harvard University Press,1975.
66. Alberts, B., A. Jonson, J. Lewis, M. Raff, K. Roberts, P. Walter: *Biología Molecular de la Célula*. Barcelona: Omega, 2004.
67. Pearson, H.: «What is a gene?» *Nature*, 441 (2006), p. 398.
68. Pennisi, E.: «A new window on how Genomes work». *Science*, 316 (2007), p. 1120.

4. Ciencia y Mercado. El producto científico

1. Cassier, M.: «Appropriation and commercialization of the Pasteur

anthrax vaccine». *Studies in History and Philosophy of Biology and Biomedical Sciences,* 36 (2005), p. 722.

2. CHAKRABARTY, A. M., J. R. MYLROIE, D. A. FRIELLO, J. G. VACCA: «Transformation of Pseudomonas putida and Escherichia coli with plasmid-linked drug-resistance factor DNA (in vitro shearing/RP 1 NA/CaCl2-treated cells)». *Proceedings of the National Academy of Sciences*, 72 (1975), p. 3647.
3. FindLaw «U.S. Supreme Court. Diamond v. Chakrabarty, 447 U.S. 303 (1980)» [en línea] <http://caselaw.lp.findlaw.com/scripts/getcase.pl?court=US&vol=447&invol=303> [Consulta: 23 junio 2010]
4. JONES, H. W. Jr.: «Record of the first physician to see Henrietta Lacks at the Johns Hopkins Hospital: history of the beginning of the HeLa cell line». *American Journal of Obstetrics and Gynecology,* 176 (1997), p. S227.
5. KAUL, R., G. P. GAO, M. ALOYA, K. BALAMURUGAN, A. PETROSKY, K. MICHALS, R. MATALON: «Canavan disease: mutations among jewish patients». *American Journal of Human Genetics*, 55 (1994), p. 34.
6. EVANS, P. C.: «Patent rights in biological material. implications of principle of unjust enrichment remain uncertain». *Genetic Engineering & Biotechnology News,* 26, 17, 2006 [en línea] <http://www.genengnews.com/gen-articles/patent-rights-in-biological-material/1880/> [Consulta: 23 junio 2010]
7. ZIELINSKY, S. L.: «BRCA discovery led to a patent debate, genetic screening». *Journal of the Cancer National Institute*, 96 (2004), p. 986.
8. STEVENSON, M.: «Basic Science highlights». *Topics in HIV Medicine*, 15 (2007), p. 21.
9. MONTPETIT, I.: «Des brévets sur l'ADN» [en línea] <http://www.radio-canada.ca/nouvelles/dossiers/brevetage/3a.html> [Consulta: 23 junio 2010]
10. DUTFIELD, G.: «DNA patenting: implications for public health research». *Bulletin of the WHO*, 84 (2006), p. 388.
11. HELLER, M. A., R. S. EISENBERG: «Can patents deter innovation? The anticommons in biomedical research». *Science*, 280 (1998), p. 698.
12. CHO, M. K., S. ILLANGASEKARE, M. A. WEAVER, Leonard DGB, Merz JF. «Effects of patents and licenses on the provision of clinical genetic testing services». *Journal of Molecular Diagnostics*, 5 (2003), p. 3.
13. STIX, G.: «Owning the staff of life». *Scientific American*, 2 (2006), p. 76.
14. MACER, D. R. J.: «Patent or perish? An ethical approach to patenting human genes and proteins». *The Pharmacogenomics Journal*, 2 (2002), p. 361.

15. PBS «Arun Gandhi on terrorism, non-violence and Gandhi» [en línea] <http://www.pbs.org/kcet/globaltribe/voices/voi_gandhi.html> [Consulta: 23 junio 2010]
16. Monsanto Fund. Sitio oficial [en línea] <http://www.monsantofund.org/> [Consulta: 23 junio 2010]
17. Ngo, A., R. Taylor, C. L. Roberts, T. V. Nguyen: «Association between Agent Orange and birth defects: systematic review and meta-analysis». *International Journal of Epidemiology*, 35 (2006), p. 1220.
18. Chamie, K., DeVere White RN, D. Lee, J. H. Ok, L. M. Ellison: «Agent Orange exposure, Vietnam veterans and the risk of prostate cancer». *Cancer*, 113 (2008), p. 2464.
19. Stong, C.: People: «Monsanto Scientist John E. Franz Wins 1990 Perkin Medal For Applied Chemistry». *The Scientist* , 4 (1990), p. 28.
20. Brown, S.: «Seeds of concern». *Scientific American*, 4 (2001), p. 51.
21. Sears, M. K., R. L. Hellmich, S, Stanley-Horn DE et ál.: «Impact of Bt corn pollen on monarch butterfly populations: A risk assessment». *Proceedings of the National Academy of Sciences*, 98 (2001), p. 11937.
22. Horton, R.: «Genetically modified food: consternation, confusion, and crack-up. The controversy over genetically modified food exposes larger issues about public trust in science and the role of science in policymaking». *The Medical Journal of Australia*, 172 (2000), p. 148.
23. Shi, G.: «Intellectual property rights, genetic use restriction technologies (GURTs), and strategic behaviour». *American Agricultural Economics Association Annual Meeting. Long Beach. California*. Julio 23-26. 2006. Paper nº 156058.
24. Transcontainer [en línea] <http://www.transcontainer.wur.nl/UK/About/> [Consulta: 23 junio 2010]
25. Grupo ETC. «El patentamiento de los "genes climáticos"... y la apropiación de la agenda climática», *Communiqué 2008, 99* [en línea] <http://www.etcgroup.org/es/los_problemas/biopirateria> [Consulta: 23 junio 2010]
26. Patent Storm. «Transcriptional activators involved in abiotic stress tolerance» [en línea] <http://www.patentstorm.us/patents/7253000/description.html> [Consulta: 23 junio 2010]
27. Evogene. «Gene discovery. ATHLETE» [en línea] <http://www.evogene.com/technology.asp?tid=8> [Consulta: 23 junio 2010]
28. Evogene. «Improved antibiotic stress tolerante» [en línea] <http://www.evogene.com/project.asp?project_id=4> [Consulta: 23 junio 2010]
29. Ceres. Sitio oficial [en línea] <http://ceres.net/Technology/Tech-IP.html> [Consulta: 23 junio 2010]

30. Monsanto. «African Agricultural Technology Foundation to Develop Drought-Tolerant Maize Varieties for Small-Scale Farmers in Africa» [en línea] <http://www.monsanto.com/droughttolerantcorn/WEMA.asp> [Consulta: 23 junio 2010]
31. Angell, M.: «Excess in the pharmaceutical industry» *CMAJ*, 171 (2004), p. 1451.
32. Lee, T. H.: «"Me-Too" products – firend or foe?». *The New England Journal of Medicine*, 350 (2004), p. 211.
33. Barratt, A.: «Resource review». *British Medical Journal*, 11 (2006), p. 93.
34. Moynihan, R., I. Heath, D. Henry: «Selling sickness: the pharmaceutical industry and disease mongering». *British Medical Journal*, 324 (2002), p. 886.
35. Healy, D.: «The latest mania: selling Bipolar Disorder». *PLOS Medicine*, 3 (2006), p. 441.
36. Phillips, C. B.: «Medicine Goes to School: Teachers as Sickness Brokers for ADHD». *PLOS Medicine*, 3 (2006), p. 433.
37. Lexchin, J.: «Bigger and Better: How Pfizer Redefined Erectile Dysfunction». *PLOS Medicine*, 3 (2006), p. 429.
38. Tiefer, L.: «Female sexual dysfunction: a case study of disease mongering and activist resistance». *PLOS Medicine*, 3 (2006), p. 436.
39. Moynihan, R.: «The marketing of a disease: female sexual dysfunction». *British Medical Journal*, 330 (2005), p. 192.
40. Rea, P. A.: «Statins: from fungus to Pharma». *American Scientist*, 96 (2008), p. 408.
41. Daniels, S. R., F. R. Creer: «Committee on Nutrition. Lipid Screening and Cardiovascular Health in Childhood». *Pediatrics*, 122 (2008), 198.
42. De Ferranti, S., D. S. Ludwig: «Store over statins – the controversy surrounding pharmacologic treatment of children». *The New England Journal of Medicine*, 359 (2008), p. 1309.
43. Chalmers, I.: «The James Lind initiative». *Journal of the Royal Society of Medicine*, 96 (2003), p. 575.
44. Marks, H. M.: «L'irruption de la preuve statistique en Médecine». *La Recherche*, 316 (1999), p. 76.
45. Yoshioka, A.: «Use of randomisation in the Medical Research Council's clinical trial of streptomycin in pulmonary tuberculosis in the 1940s». *British Medical Journal*, 317 (1998), p. 1220.
46. Rajkumar, S. V.: «Thalidomide: Tragic Past and Promising Future». *Mayo Clinic Proceedings*, 79 (2004), p. 899.
47. Lemmens, T., P. B. Miller: «Regulating the market in human research participants». *PLOS Medicine*, 3 (2006), p. 1237.

48. Lemmens, T., P. B. Miller: «The human subjects trade: ethical and legal issues surrounding recruitment incentives». *Journal of Law, Medicine & Ethics*, 31 (2003), p. 398.
49. Angell, M.: «The ethics of clinical research in the third world». *NEJM*, 337 (1997), p. 847.
50. Lurie, P., S. Wolfe: «Unethical trials of interventions to reduce perinatal transmission of the human immunodeficiency virus in developing countries». *The New England Journal of Medicine*, 337 (1997), p. 853.
51. Varmus, H., D. Satcher: «Ethics of Placebo-Controlled Trials of Zidovudine to Prevent the Perinatal Transmission of HIV in the Third World». *The New England Journal of Medicine*, 338 (1997), p. 836.
52. Rothman, D. J.: «Les nouveaux cobayes de la recherche médicale». *La Recherche*, 342 (2001), p. 29.
53. Healy, D.: «The engineers of human souls & academia». *Epidemiologia e Psichiatria Sociale*, 16 (2007), p. 205.
54. Rodríguez-Arias, D., G. Moutel, C. Hervé: *Ética y experimentación con seres humanos*. Bilbao: Desclée de Brouver, 2008.
55. Emmanuel, E. J., F. G. Miller: «The ethics of placebo – controlled trials – a middle ground». *The New England Journal of Medicine*, 345 (2001), p. 915.
56. Emanuel, E. J., T. Lemmens, C. Elliot: «Should Society Allow Research Ethics Boards to Be Run As For-Profit Enterprises?». *PLOS Medicine*, 3 (2006), p. 941.
57. ACRO. Association of Clinical Research Organizations. [en línea] <http://www.acrohealth.org/industry-ataglance.php> [Consulta: 23 junio 2010]
58. Evans, D., M. Smith, L. Willen: «Big pharma's shameful secret». *Bloomberg Mark*, 14 (2005), p. 36.
59. Lexchin, J., L. A. Bero, B. Djulbegovic, O. Clark: «Pharmaceutical industry sponsorship and research outcome and quality: systematic review». *British Medical Journal*, 326 (2003), p. 1167.
60. Perlis, R. H., C. S. Perlis, Y. Wu, C. Hwang, M. Joseph, A. A. Nierenberg: «Industry sponsorship and financial conflict of interest in the reporting of clinical trials in Psychiatry». *The American Journal of Psychiatry*, 162 (2005), p. 1957.
61. Healy, D., D. Cattell: «Interface between authorship, industry and science in the domain of therapeutics». *British Journal of Psychiatry*, 183 (2003), p. 22.
62. Whittington, C. J., P. Fonagy, D. Cottrell, A. Cotgrove, E. Boddington: «Selective serotonin reuptake inhibitors in childhood

depression: systematic review of published versus unpublished data». *The Lancet*, 363 (2004), p. 1341.
63. Editorial. «Depressing research». *The Lancet*, 363 (2004), p. 335.
64. Roth, D., E. Boyle, D. Beer, A. Malik, deBruyn J. «Correspondence. Depressing research». *The Lancet*, 363 (2004), p. 2087.
65. Garland, E. J.: «Facing the evidence: antidepressant treatment in children and adolescents». *Canadian Medical Association Journal*, 170 (2004), p. 489.
66. Stelfox, H. T., G. Chua, O'Rourke K et ál.: «Conflict of interest in the debate over calcium-channel antagonists». *The New England Journal of Medicine*, 338 (1998), p. 101.
67. Bekelman, J. E., Y. Li, C. P. Gross: «Scope and impact of financial conflicts of interest in biomedical research». *The Journal of the American Medical Association*, 289 (2003), p. 454.
68. Healy, D.: «Shaping the intimate: Influences on the experience of everyday nerves». *Social Studies of Science*, 34 (2004), p. 219.
69. Sismondo, S.: Ghost Management: «How Much of the Medical Literature Is Shaped Behind the Scenes by the Pharmaceutical Industry?» *PLOS Medicine*, 4 (2007), p. 1429.
70. Complete Healthcare Communications. [en línea] <http://www.chcinc.com/> [Consulta: 23 junio 2010]
71. Boseley, S.: «Scandal of scientists who take money for papers ghostwritten by drug companies». *The Guardian*, February 7, 2002.
72. Anello, M.: [en línea]. <http://www.anellomedicalwriting.com/> [Consulta: 23 junio 2010]
73. Ross, J. S., K. P. Hill, D. S. Egilman, H. M. Krumholz: «Guest authorship and ghostwriting in publications related to rofecoxib. A case study of Industry documents from rofecoxib litigation». *The Journal of the American Medical Association*, 299 (2008), p. 1800.
74. Gagnon, M. A., J. Lexchin: «The Cost of Pushing Pills: A New Estimate of Pharmaceutical Promotion Expenditures in the United States». *PLOS Medicine*, 5 (2008), p. 29.
75. Brodkey, A. C.: «The role of the pharmaceutical industry in teaching psychopharmacology: a growing problem». *Academic Psychiatry*, 29 (2005), p. 222.
76. Angell, M.: «Is academic medicine for sale?». *The New England Journal of Medicine*, 342 (2000), p. 1516.
77. Choudhry, N. K., H. T. Stelfox, A. S. Detsky: «Relationships between authors of clinical practice guidelines and the pharmaceutical industry». *The Journal of the American Medical Association*, 287 (2002), p. 612.

78. MABE, M., M. AMIN: «Growth dynamics of scholarly and scientific journals». *Scientometrics*, 51 (2001), p. 147.
79. MENDEL, G.: «Versuche über Pflanzenhybriden». *Verhandlungen des naturforschenden Vereins in Brünn*. Band 4. Brünn 1866, S. 43-47. [en línea] <http://www.mendelweb.org/MWGerText.html> [Consulta: 23 junio 2010]
80. GARFIELD, E.: «The History and meaning of the journal impact factor». *The Journal of the American Medical Association,* 295 (2006), p. 90.
81. GARFIELD, E.: «The agony and the ecstasy – The history and meaning of the journal impact factor». *International Congress on Peer Review And Biomedical Publication*. Chicago, Sept. 16, 2005.
82. SEGLEN, P. O.: «Why the impact factor of journals should not be used for evaluating research». *British Medical Journal*, 314 (1997), p. 497.
83. ROSSNER, M., Van Epps, E. HILL: «Show me the data». *The Journal of Cell Biology*, 179, 6 (2007), p. 1091.
84. HA, T. C., S. B. TAN, K. C. SOO: «The journal impact factor: too much o fan impact?». *Annals, Academy of Medicine, Singapore*, 35 (2006), p. 911.
85. WALTER, G., S. BLOCH, G. HUNT, K. FISHER: «Counting on citations: a flawed way to measure quality». *The Medical Journal of Australia*, 178 (2003), p. 280.
86. DONG, P., M. LOH, A. MONDRY: «The "impact factor" revisited». [en línea] doi:10.1186/1742-5581-2-7. < http://www.bio-diglib.com/content/2/1/7> [Consulta: 23 junio 2010]
87. HIRSCH, J. E.: «An index to quantify an individual's scientific research output». *Proceedings of the National Academy of Sciences*,102 (2005), p. 16569.
88. WOLLEN, J.: Rodríguez MA, van den Sompel H. «Journal Status». [en línea] <arXiv:cs/0601030v1> [Consulta: 23 junio 2010]
89. CAMPANARIO, J. M.: «Peer Review for Journals at It Stands Today. Part 1». *Science Communication*, 19 (1998), p. 181.
90. CAMPANARIO, J. M.: «Peer Review for Journals at It Stands Today. Part 2». *Science Communication*, 19 (1998), p. 277.
91. CAMPANARIO, J. M.: « Rejecting and resisting Nobel class discoveries: accounts by Nobel Laureates» [en línea] <http://www2.uah.es/jmc/nobel.html> [Consulta: 23 junio 2010]
92. Editorial. «Coping with peer rejection». *Nature*, 425 (2003), p. 645.
93. BUTLER, D.: «Crossing the valley of death». *Nature*, 453 (2008), p. 840.
94. LEDFORD, H.: «The full cycle». *Nature*, 453 (2008), p. 843.

95. MARKEL, H.: «Who's on first? Medical discoveries and scientific priority». *The New England Journal of Medicine*, 351 (2004), p. 2792.
96. MOLLARET, H. H.: «Contribution to the knowledge of relations between Koch and Pasteur». [en línea] http://www.foundersofscience.net/Molleret.htm [Consulta: 23 junio 2010]
97. WATSON, J.: *La doble hélice.* Barcelona: Salvat, 1993.
98. GALLO, R. C., L. MONTAGNIER: «The discovery of HIV as the cause of AIDS». *The New England Journal of Medicine*, 349 (2003), p. 2283.
99. TITUS, S. L., J. A. WELLS, L. J. RHOADES: «Repairing research integrity». *Nature*, 453 (2008), p. 980.
100. CIBELLI, J. B., R. P. LANZA, West MD, C. EZZELL: «The first human cloned embryo». *Scientific American*, 1 (2002), p. 44.
101. KENNEDY, D.: «Editorial retraction». *Science*, 311 (2006), p. 335.
102. CAÑUELO, S., J. FERRER: *Mitología Griega y Romana.* Barcelona: Óptima, 2003.
103. GRAVES, R.: *Los mitos griegos.* Barcelona: Ariel, 2001.
104. OTCHET, A., R. LEFORT: «Jeremy Rifkin contre le meilleur des mondes». *Le Courier Unesco*, (sept. 1998), p. 47. [en línea] <http://www.unesco.org/courier/1998_09/fr/dires/txt1.htm> [Consulta: 23 junio 2010]
105. WEISS, R.: «U.S. Denies Patent for a Too-Human Hybrid» [en línea] *The Washington Post* (13 feb. 2005), p. A03 <http://www.washingtonpost.com/wp-dyn/articles/A19781-2005Feb12.html> [Consulta: 23 junio 2010]
106. RAI, A., J. BOYLE: «Synthetic Biology: caught between property rights, the public domain, and the commons». *PLOS Biology*, 5 (2007), p. 389.
107. GIBBS, W. W.: «Synthetic life». *Scientific American*, 5 (2004), p. 75.
108. MIT. Registry of Standard Biological Parts. [en línea] <http://partsregistry.org/Main_Page> [Consulta: 23 junio 2010]
109. Editorial: «Synthetic biology: promises and challenges». *Molecular Systems Biology*, 3 (2007), p. 1.
110. GLASS, J. I., N. ASSAD-GARCÍA, N. ALPEROVICH et ál.: «Essential genes of a minimal bacterium» *Proceedings of the National Academy of Sciences*,103 (2006), p. 425.
111. GIBSON, D. G., G. A. BENDERS, Andrews-Pfannkoch C et ál.: «Complete Chemical Synthesis, Assembly, and Cloning of a Mycoplasma genitalium Genome». *Science*, 319 (2008), p. 1215.
112. Craig Venter Institute. [en línea] <http://www.jcvi.org/> [Consulta: 23 junio 2010]
113. PILKINGTON, E.: «I am creating artificial life, declares US gene pioneer». *The Guardian*, Oct, 6, 2007. [en línea] <http://www.guardian.

co.uk/science/2007/oct/06/genetics.climatechange> [Consulta: 23 junio 2010]

5. Proyecto, Azar y Tecnociencia

1. Weinberg, S.: *Partículas subatómicas.* Barcelona: Prensa Científica, 1985.
2. De Rose, F: «Paris 1951: the birth of CERN». *Nature*, 455 (2008), p. 174.
3. Smith, C. L.: «How the LHC came to be». *Nature*, 448 (2007), p. 281.
4. Binning, G., H. Rohrer: «Scanning tunnelling microscopy – from birth to adolescence». *Nobel Lecture*, December, 1986. [en línea] <http://nobelprize.org/nobel_prizes/physics/laureates/1986/binnig-lecture.html> [Consulta: 23 junio 2010]
5. National Cancer Act of 1971. [en línea] <http://www.let.rug.nl/usa/P/rn37/speeches/rn_1971.htm> [Consulta: 23 junio 2010]
6. Ortega, F.: «La última aventura de Robert K Merton». [en línea] <http://www.robertexto.com/archivo8/merton.htm> [Consulta: 23 junio 2010]
7. Roberts, R. M.: *Serendipia. Descubrimientos accidentales en la ciencia.* Madrid: Alianza Editorial, 2008.
8. Campanario, J. M.: «Using Ctation Cassics to study the incidence of serendipity in scientific discovery». *Scientometrics*, 37 (1996), p. 3.
9. Mullis, K. B., «The Polymerase Chain Reaction» *Nobel Lecture*, Dec. 1993. [en línea] <http://nobelprize.org/nobel_prizes/chemistry/laureates/1993/mullis-lecture.html> [Consulta: 23 junio 2010]
10. Mullis, K. B.: «Reacción en cadena de la polimerasa». *Investigación y Ciencia*, 6 (1990), p. 30.
11. Kornberg, A.: «On serendipity and Science». *Stanford Medicine Magazine*, Summer 1995. [en línea] <http://www.rockefeller.edu/pubinfo/Pasteur/Kornberg_essay.html> [Consulta: 23 junio 2010]
12. Guthrie WKC. *Historia de la Filosofía Griega.* Madrid: Gredos, 2006, tomo VI.
13. Derry, T. K., T. I. Williams: *Historia de la Tecnología. Desde la antigüedad hasta 1750.* Madrid: Siglo XXI de España,1995.
14. Lacey A J. *Light Microscopy in Biology. A practical approach.* Oxford: IRL Presss at Oxford University Press, 1989.
15. Simpson, G. J.: «The diffraction barrier broken». *Nature*, 440 (2006), p. 879.
16. Willig, K. I., S. O. Rizzoli, V. Westphal, R. Jahn, S. W. Hell: «STED microscopy reveals that synaptotagmin remains clustered after synaptic vesicle exocytosis». *Nature*, 440 (2006), p. 935.

17. HOTTOIS, G.: «La technoscience». *Science et Avenir* (oct.-nov., 2004), p. 52.
18. FEYNMAN, R. P.: «Plenty of Room at the Bottom» *American Physical Society meeting at Caltech* (1959), Dec. [en línea] <http://www.its.caltech.edu/~feynman/plenty.html> [Consulta: 23 junio 2010]
19. Avouris Ph, T. HERTEL, R. MARTEL, T. SCHMIDT, H. R. SHEA, R. E. WALKUP: «Carbon nanotubes: nanomechanics, manipulation, and electronic devices». *Applied Surface Science*, 141 (1999), p. 201.
20. O' NEILL, P., P. W. K. ROTHEMUND, A. KUMAR, D. K. FYGENSON: «Sturdier ADN Nanotubes via Ligation» *Nano Letters*, 6 (2006), p. 1379.
21. ROTHEMUND, P. W. K.: «Folding ADN to create nanoscale shapes and patterns». *Nature*, 440 (2006), p. 297.
22. SEEMAN, N. C.: «ADN in a material world». *Nature*, 421 (2003), p. 427.
23. VALENTINE, J., S. ZHANG, T. ZENTGRAF, Ulin-Avila E, D. A. GENOV, G. BARTAL, X. ZHANG: «Three-dimensional optical metamaterial with a negative refractive index». *Nature*, 455 (2008), p. 376.
24. PETEIRO CARTELLE, F. J., M. RODRÍGUEZ-PEDREIRA, F. ZHANG, P. RIVERA GIL, L. L. DEL MERCATO, W. J. PARAK: «One example on how colloidal nano- and microparticles could contribute to medicine». *Nanomedicine*, 4 (2009), p. 967.

6. Ciencia y Poder

1. BARBERÍA, J. L.: «Mucho título y pocas letras» [en línea]. *El País Digital*. Sociedad. 19 octubre 2008, <http://www.elpais.com/articulo/sociedad/Mucho/titulo/pocas/letras/elpepisoc/20081019elpepisoc_1/Tes> [Consulta: 23 junio 2010]
2. Real Academia de la Historia. «Informe sobre los textos y cursos de Historia en los centros de Enseñanza Media». [en línea] 23 de junio de 2000 <http://www.filosofia.org/his/h2000ah.htm> [Consulta: 23 junio 2010]
3. RUSSELL, B.: *Historia de la Filosofía Occidental*. Madrid: Espasa Calpe, 1971.
4. JASPERS, J.: *La Filosofía*. Madrid: Fondo de Cultura Económica, 1993.
5. KÜNG, H.: *El principio de todas las cosas. Ciencia y Religión*. Madrid: Trotta, 2007.
6. FROMM, E.: *El miedo a la libertad*. Buenos Aires: Paidós,1974.
7. Kurzweil Cyberart Technologies. [en línea] <http://www.kurzweil-cyberart.com/> [Consulta: 23 junio 2010]
8. GROSSMAN, T.: «Latest advances in antiaging medicine». *The Keio Journal of Medicine*, 54, 2 (2005), p. 85.

9. École Polytechnique Fédérale de Lausanne. «Blue Brain Project» [en línea]. <http://bluebrain.epfl.ch/> [Consulta: 23 junio 2010]
10. Huxley, J.: «Transhumanism». [en línea]. <http://www.transhumanism.org/index.php/WTA/more/huxley> [Consulta: 23 junio 2010]
11. Humanity +. [en línea] <http://www.transhumanism.org/index.php/WTA/index/>[Consulta: 23 junio 2010]
12. Future of Humanity Institute. [en línea]. <http://www.fhi.ox.ac.uk/> [Consulta: 23 junio 2010]
13. Nick Bostrom's home page. [en línea]. <http://www.nickbostrom.com/> [Consulta: 23 junio 2010]
14. Bostrom, N.: *The Future of Humanity New Waves in Philosophy of Technology*. New York: Palgrave McMillan, 2007.
15. Pearce, D.: «The hedonistic imperative». [en línea]. <http://www.hedweb.com/hedethic/tabconhi.htm> [Consulta: 23 junio 2010]
16. Roco, M. C., Bainbridge, WS. *Converging Technologies for Improving Human Performance. Nanotechnology, Biotechnology, Information Technology and Cognitive Science.* NSF/DOC-sponsored report. Dordrecht, Holanda: Springer 2003.
17. Bainbridge, W. S., M. C. Roco: *Managing nano-info-bio-cogno innovations: Converging Technologies in Society*. Dordrecht, Holanda: Springer, 2006.
18. Nordmann, A.: *Converging Technologies – Shaping the Future of European Societies*. European Communities. Report 2004.
19. Crick, F., C. Koch: «Consciousness and Neuroscience». *Cerebral Cortex*, 8 (1998), p. 97.
20. Damasio, A.: *En busca de Spinoza. Neurobiología de la emoción y sentimientos.* Barcelona: Crítica, 2007.
21. Damasio, A.: *El error de Descartes.* Barcelona: Crítica, 2001.
22. Searle, J.: *Mentes, cerebros y ciencia.* Madrid: Cátedra, 2001.
23. Chalmers, D.: «Facing Up to the Problem of Consciousness». *Journal of Consciousness Studies*, 2 (1995), p. 200.
24. Marks, J.: *En busca del candidato de Manchuria.* Madrid: Valdemar, 2007
25. Krtolica, A., S. Parrinello, S. Lockett, P. Y. Desprez, J. Campisi: «Senescent fibroblasts promote epithelial cell growth and tumorigenesis: A link between cancer and aging». *Proceedings of the National Academy of Sciences*,98 (2001), p. 12072.
26. Harding, C., F. Pompei, E. E. Lee, R. Wilson: «Cancer Suppression at Old Age». *Cancer Research*, 68 (2008), p. 4465.
27. Vijg, J., J. Campisi: «Puzzles, promises and a cure for ageing». *Nature*, 454 (2008), p. 1065.
28. Brooks, R.: «The relationship between matter and life». *Nature* 409 (2001), p. 409.

29. Edge. [en línea] <http://www.edge.org/> [Consulta: 23 junio 2010]
30. Brockman, J.: «The emerging third culture». [en línea]. <http://www.edge.org/documents/ThirdCulture/f-Introduction.html> [Consulta: 23 junio 2010]
31. Brockman, J.: «The expanding third culture». [en línea]. <http://www.edge.org/3rd_culture/brockman06/brockman06_index.html> [Consulta: 23 junio 2010]
32. Llopart, S., «Brockman y los nuevos intelectuales» [en línea]. La Vanguardia digital. 14 septiembre 2008. <http://www.edge.org/documents/press/lavanguardia_newhumanists.pdf> [Consulta: 23 junio 2010]
33. Brockman, J.: *El nuevo humanismo y las fronteras de la Ciencia.* Barcelona: Kairós, 2007.
34. Kant, I.: *Crítica de la razón pura.* Madrid: Tecnos, 2002.
35. García Gual, C: *Los siete sabios de Grecia (y tres más).* Madrid: Alianza Editorial, 2007.

Cronología

Año	
79	Muere Plinio el Viejo
1620	Bacon publica el Novum Organum
1663	Se crea el Invisible College
1666	Se crea l'Académie des Sciences
1751	Edición de L'Encyclopédie
1753	James Lind demuestra el valor terapéutico de los cítricos contra el escorbuto
1754	Horace Walpole usa por primera vez el término *serendipity*
1781	Kant publica la *Crítica de la razón pura*
1809	Lamarck publica su *Philosophie zoologique*
1810	Hahnemann, fundador de la homeopatía, publica el *Organon of rational therapeutics*
1819	Keats publica *Oda a una urna griega*
1845	Humboldt inicia la publicación de *Kosmos*
1859	Darwin publica *The Origin of Species*
1865	Mendel descubre las leyes de la herencia
1873	Pasteur patenta una levadura
1900	Planck publica *Sobre la teoría de la ley de distribución de energía en el espectro continuo*
1905	Einstein publica su teoría de la relatividad especial
1915	Einstein publica su teoría general de la relatividad Publicación del teorema de Noether
1920	Hilbert propone la formalización axiomática de las Matemáticas
1927	Heisenberg publica las relaciones de incertidumbre
1928	Descubrimiento de la penicilina
1931	Gödel publica el teorema de incompletitud

1932 Aldous Huxley publica *Brave New World* (un mundo feliz)
La publicación de la ley de Kleiber da origen al estudio de posibles invariantes biológicos.
1944 Síntesis del metilfenidato
Avery descubre que el ADN es el portador de la información genética
1946 Definición de *salud* por la OMS
Ordenador ENIAC, con más de 20.000 válvulas de vacío
1947 Se realiza el primer ensayo clínico *randomizado*
Se presenta el código de Nürnberg
Bardeen, Brattain y Shockley inventan el transistor
1948 Norbert Wiener publica *Cybernetics*
Se inicia el estudio Framingham
1951 Se inicia la propagación en cultivo de células HeLa
UNIVAC, primer ordenador comercial
1952 Se publica el DSM
1953 Lejeune inicia la citogenética moderna con el descubrimiento de la trisomía 21
Watson y Crick publican en *Nature* el modelo estructural del ADN
1955 Muere Einstein y Harvey le extrae el cerebro para estudio
Eugen Garfield menciona en *Science* la idea de un factor de impacto
Tjio y Levan muestran que las células humanas tienen 46 cromosomas
1957 Descubrimiento del primer antidepresivo tricíclico
1958 Se crea el primer chip o circuito integrado
1959 Rychard Feynman pronuncia la conferencia *There's plenty of room at the bottom*, premonitoria de la nanotecnología
Charles Percy Snow publica *Las dos culturas y la revolución científica*
1961 Se describe la asociación de graves malformaciones congénitas con el uso de talidomida en embarazadas
1963 Aparece la Creation Research Society
1964 Promulgación de la declaración de Helsinki
Murray Gell Mann postula la existencia de partículas elementales llamadas quarks
1966 Se publican los estudios de sífilis de Tuskegee y de hepatitis de Willowbrook
1970 Monsanto presenta el glifosato (Roundup)

1971 Nixon lanza la campaña contra el cáncer
1972 Paul Berg crea el primer ADN recombinante
Surge ARPANET
Stephen J Gould publica su teoría evolutiva del equilibrio puntuado
1975 Edward Osborne Wilson publica *Sociobiology: The New Synthesis*
Reunión de Asilomar sobre riesgos y beneficios de la investigación con ADN recombinante
1976 Dawkins publica *The Selfish Gene* (el gen egoísta)
1977 Descubrimiento de los intrones
1978 La compañía Genentech produce insulina humana en bacterias E. Coli
1978 Nace la primera niña probeta
1980 la Corte Suprema de EE. UU. recoge la intención del Congreso de entender como materia patentable cualquier cosa bajo el sol hecha por el hombre
1981 Creación de los primeros ratones transgénicos
Michael Green y John Schwarz desarrollan la teoría de supercuerdas
Se crea el microscopio de efecto túnel
1983 Kary Mullis crea el método de amplificación de regiones de ADN por PCR
La enfermedad de Huntington es la primera en ser detectable mediante el uso de polimorfismos de ADN
1985 Obtención del buckminsterfullereno por Richard Smalley
1986 Se crea el microscopio de fuerza atómica
Catástrofe de Chernóbil
1987 Se aprueba la comercialización de la fluoxetina
Aparecen las normas ISO 9000
1988 Hawking publica *A Brief History of Time*
Se patenta un ratón predispuesto al cáncer como modelo experimental
Nace Internet
1989 Pons y Fleichmann anuncian el descubrimiento de la *fusión fría*
Se crea el primer ratón knockout
1990 Aparece la World Wide Web
1991 Craig Venter solicita la patente de 337 EST (marcadores de secuencia expresada)
Se propone el uso de EST para encontrar genes en un genoma dado

1992 Aparece la expresión *Evidence based Medicine* en la bibliografía médica
1993 Se desarrolla la fMRI (imagen funcional por resonancia magnética)
Andrew Wiles anuncia haber demostrado el último teorema de Fermat
1994 Concesión de patente del gen BRCA-1 a Myriad Genetics Inc.
Hernstein y Murray publican *The Bell Curve*
1995 Surge la World Wide Web
1997 Nace la oveja Dolly
1998 La FDA aprueba la comercialización del sildenafilo
USDA y Delta&Pine patentan las semillas *terminator*
Craig Venter funda Celera Genomics e inicia la secuenciación del genoma humano
1999 Se produce una muerte en un ensayo de terapia génica en Pennsylvania
2001 Se publican los resultados del proyecto Genoma en *Science* (grupo de Venter) y en *Nature* (grupo liderado por Collins)
Se aprueba la comercialización del imatinib, un citostático de diseño racional.
2002 Se descubre que Jan Hendrick Schön fabricó o falsificó datos en 17 trabajos publicados en *Sciene*, *Naure* y *Physical Review Letters*
2003 El Dr. Matalon patenta el gen relacionado con la enfermedad de Canavan
2005 Eric Poehlman, de la Universidad de Vermont, admite haber fabricado o falsificado datos en 17 publicaciones
Nace el Blue Brain Project
2006 Richard Dawkins publica *The God Delusion*
2007 Primer congreso sobre metamateriales
2008 El presidente Bush firma el Acta de no discriminación genética
2009 El LHC consigue acelerar protones con una energía de 1,18 TeV
2010 Se presenta el borrador del DSM-V, cuya aparición está prevista para 2013

Índice de contenidos

d

e

f

k

l

m

n

La presente edición de
El autoritarismo científico
de Javier Peteiro,
compuesto en caracteres Caslon,
se terminó de imprimir en Málaga
el DJ 2.455.509
bajo el cuidado de
Miguel Gómez Peña

Made in United States
North Haven, CT
10 November 2026

22131895R00122